Power BI
数据分析与
数据可视化

［美］苏伦·马基拉朱　［美］苏拉杰·高拉夫 / 著

李珊珊 / 译

中国青年出版社

图书在版编目（CIP）数据

Power BI数据分析与数据可视化 /（美）苏伦·马基拉朱，（美）苏拉杰·高拉夫著；李珊珊译. -- 北京：中国青年出版社，2022.7

书名原文：Power BI Data Analysis and Visualization

ISBN 978-7-5153-6040-9

I.①P… II.①苏… ②苏… ③李… III.①可视化软件—数据分析 IV.①TP317.3

中国版本图书馆CIP数据核字（2020）第092303号

版权登记号：01-2020-0948

Suren Machiraju, Suraj Gaurav: POWER BI DATA ANALYSIS AND VISUALIZATION
©Walter de Gruyter, Inc., Boston/Berlin. All rights reserved.
This work may not be translated or copied in whole or part without the written permission of the publisher (Walter de Gruyter GmbH, Genthiner Str. 13, 10785 Berlin, Germany).

律师声明

北京默合律师事务所代表中国青年出版社郑重声明：本书由著作权人授权中国青年出版社独家出版发行。未经版权所有人和中国青年出版社书面许可，任何组织机构、个人不得以任何形式擅自复制、改编或传播本书全部或部分内容。凡有侵权行为，必须承担法律责任。中国青年出版社将配合版权执法机关大力打击盗印、盗版等任何形式的侵权行为。敬请广大读者协助举报，对经查实的侵权案件给予举报人重奖。

侵权举报电话

全国"扫黄打非"工作小组办公室　　中国青年出版社
010-65233456　65212870　　　　　010-59231565
http://www.shdf.gov.cn　　　　　　E-mail: editor@cypmedia.com

Power BI数据分析与数据可视化

著　　者：[美]苏伦·马基拉朱　[美]苏拉杰·高拉夫
译　　者：李珊珊

出版发行：	中国青年出版社	印　刷：	天津旭非印刷有限公司
地　　址：	北京市东城区东四十二条21号	开　本：	710×1000　1/16
网　　址：	www.cyp.com.cn	印　张：	14.5
电　　话：	（010）59231565	字　数：	493千字
传　　真：	（010）59231381	版　次：	2022年7月北京第1版
企　　划：	北京中青雄狮数码传媒科技有限公司	印　次：	2022年7月第1次印刷
策划编辑：	张鹏	书　号：	ISBN 978-7-5153-6040-9
执行编辑：	张沣	定　价：	89.90元
责任编辑：	张佳莹		
封面设计：	乌兰		

本书如有印装质量等问题，请与本社联系
电话：（010）59231565
读者来信：reader@cypmedia.com
投稿邮箱：author@cypmedia.com
如有其他问题请访问我们的网站：www.cypmedia.com

怀着深深的感激之情，谨以此书献给我的岳父母：B.K.B. 拉奥（B.K.B. Rao）博士和巴努·博拉布拉加达女士，感谢他们给予的爱和支持。

——苏伦德拉·马西拉朱

谨以此书献给我的父母和岳父母，感谢他们的不断支持和灵感上的启发。

——苏拉杰·高拉夫

致谢

在此，感谢拉胡尔·贾因（Rahul Jain）和詹妮弗·库里亚克（Jennifer Curiak）对本书做出的贡献。拉胡尔是一位优秀的技术编辑，詹妮弗在技术校对和书刊整理方面做得非常出色。

谢谢你们！

苏伦·马奇拉朱
苏拉杰·高拉夫

作者简介

苏伦·马奇拉朱开发了一种新型的供应链解决方案,将线上商店与做市商和集合商联结在一起,并于20世纪90年代末成立了Commercia Corp。一年内,微软收购了Commercia Corp,为他提供了领导BizTalk业务部门的企业对企业(B2B)互动团队的机会。在接下来的六年中,Suren的团队发布了五个版本的BizTalk服务器(2000—2006 R2)。随后,他带领BizTalk客户咨询小组在两年内,让.NET堆栈上20多个最大的中间件部署变得清晰化。

2011年,苏伦与团队成员合作,在微软创建了Azure客户咨询团队。五年来,一直致力于让企业客户、初创企业和合作伙伴参与Azure平台上的云/混合云.NET和OSS应用程序的架构审查和部署。该团队为产生大量成功部署方案的最具挑战性的云项目提供了解决方案。

2014年,苏伦接受了比尔·盖茨和梅琳达基金会的任命,成为技术业务合作伙伴,与领先的非政府组织和非营利性合作伙伴合作,为世界上一些具有挑战性的社会问题提供技术解决方案。

苏伦拥有印度皮拉尼的Birla技术与科学研究所的机械工程硕士学位。是B2B和数据交换标准商业软件领域20多项专利的上榜作者,出版过书籍,并在Azure和.NET上撰写了数十篇MSDN文章和技术博客。平时不写博客、不向大型技术社区提交作品时,会在美丽的西北太平洋地区与家人欢度时光,并在每周日观看海鹰队的比赛。

"我能帮助你设计基于云的解决方案,请与我联系,该领域的合作是我最大的激情之一"——Suren(https://about.me/surenmachiraju)

苏拉杰·高拉夫于2000年互联网时代的巅峰期开始了自己的职业生涯。他曾在一家初创公司Asera工作,那时该公司正在开发一个革命性的平台,为B2B的业务打造一款应用程序。2002年,他去了西雅图,进入微软工作。在那里工作了近十年,从事各种产品工作,包括BizTalk服务器、Commerce平台和Office 365。在构建企业级系统(如BizTalk)和互联网级服务器(如Office 365)等方面拥有丰富的经验。苏拉杰还建立了基于消费的计费平台,成为Azure的商业引擎。

苏拉杰拥有印度科技大学的计算机科学学士学位,这所大学位于印度坎普尔。苏拉杰目前持有多达二十五项的专利。不工作的时候就与家人一起共度时光,享受西北太平洋地区美丽的户外生活。

技术评审员简介

詹妮弗·库里亚克专门从事Dynamics 365的实施、灵活指导、项目管理、业务分析、质量保证和技术写作工作。她的工作是帮助各行各业的团队提高生产力、更有效地交流，通常都出色地完成工作。

作为一名作家，詹妮弗于2000年开始了作为一家软件公司技术撰稿人的职业生涯，并且逐渐参与设计解决方案，管理QA流程和资源，在灵活开发实践中指导大型和小型团队，担任敏捷专家，同时还致力于Dynamics 365的客制化和安装启用。她是《2018年在云中管理、配置和维护微软Dynamics 365》一书的技术评审员，之后继续撰写内部技术文档和最终用户文档，也做过其他专业出版物。

詹妮弗和丈夫迈克（Mike）住在科罗拉多州西部，大部分的空闲时间，他们会骑山地自行车或带着充气艇去探索西部空旷荒凉的地区。你可以通过jcuriak@inotekgroup.com直接联系她。

詹妮弗·库里亚克

前言

非常高兴能为我朋友苏拉杰和苏伦写的《Power BI数据分析和数据可视化》这本书撰写前言。

数据分析和可视化是一个巨大的范畴,特别是在当今世界,每天都能产生超过2,500,000,000GB的数字数据。随着物联网和自动化的出现,这一数字将呈指数级增长。通过数据分析和可视化来利用这些海量的数据,是企业盈利的关键因素。

在本书中,苏拉杰和苏伦聚焦于微软的Power BI,并通过精准的演示,向读者清楚地展示如何在各种数据库和CRM应用程序上产生数据视觉效果。另外的福利就是,读者还可以了解如何在Azure应用程序中嵌入视觉效果。Cortana套件的整合确实是一个倍增器。

在此,为两位作者和广大读者送上我最美好的祝福。

约翰·R·吉尔吉斯(John R. Girgis)
PMP认证项目和工程经理
(https://www.linkedin.com/in/john-r-girgis-pmp-026a1720/)

简介

从广义上讲，数据可视化是用来描述在更易理解的视觉环境中呈现原始数据或列表数据的方式。通过数据可视化，可以使用户更清晰易懂地观察与理解原始数据的关系、趋势和模式。因此，对于那些需要并希望深入了解业务过程中生成和获取的信息的人来说，数据可视化可以视为信息沟通中一种有效且高效的方式。

Gartner在其2017年报告中预测："到2020年，为用户提供内部和外部数据策划目录的组织，比那些不提供的组织，将通过分析投资获得两倍的商业价值。"

数据可视化面临的最大挑战是获取数据，而最关键的业务数据被锁定在ERP系统和客户应用程序中。谁是提供最先进的数据可视化工具的供应商？数据可视化开发人员如何提取数据？本书将为你揭示这些问题的答案。

谁应该读这本书？

1. **企业主和IT专业人士：** 在未来的几年内，有智能数据探索功能的现代商业智能（BI）和分析平台的用户数量的增长速度，将是没有智能数据探索功能的两倍，并将产生两倍的商业价值。

2. **数据科学家：** 在未来的几年内，业余数据科学家数量的增长速度，将是职业数据科学家数量的五倍。

3. **数据分析师：** 在未来的几年内，自然语言生成和人工智能将成为90%的现代BI平台的标准特征。

4. **企业开发者：** 在未来的几年内，50%的分析查询将使用搜索工具、自然语言处理、语音生成，或者将自动生成。

5. **企业架构师：** 在未来的几年内，为用户提供内部和外部数据策划的组织，比那些不提供的组织，将通过分析投资获得两倍的商业价值。

你将学到什么？

- 数据可视化解决方案的市场调查。

- 如何使用普通和高级的Power BI功能。

- 如何将嵌入式Power BI仪表板部署为Azure应用程序。

- 如何使用Microsoft SQL Server构建现代Power BI解决方案，并应用包括Cortana在内的Microsoft Stack。

- 如何在开源数据存储上构建一个视觉上令人满意的Power BI解决方案，即PostgreSQL。

- 如何解锁企业机密，例如通过将Power BI与Dynamics CRM集成并使用自然语言查询来梳理趋势，进而突出最相关的业务趋势。

感谢你对本书的投资。我们很乐意听取你的意见，以便改进当前和未来的产品。

目　　录

第1章　数据可视化简介
技术概述 ··· 1
　　数据可视化的重要性 ·· 1
　　数据可视化工具 ··· 2
了解 Power BI ·· 2
比较Microsoft Power BI和Tableau ··· 2
Power BI 的主要功能 ·· 4
　　免费注册 ··· 4
　　能够从多个数据源接收数据 ·· 4
　　获取业务的关键指标 ·· 4
　　快速见解 ··· 4
　　来自各处的基于数据所作的决策 ·· 5
Power BI 的高级功能 ·· 5
　　能够将Power BI报表和仪表板嵌入到Web应用程序中 ················ 5
　　实时流式处理 ··· 5
　　支持自然语言查询 ··· 5
　　共享内容包 ·· 6
　　与Cortana集成 ··· 6
Power BI 的变体 ·· 6
　　Power BI Desktop ··· 6
　　　　安装Power BI Desktop ··· 7
　　　　连接数据 ··· 12
　　　　塑造数据或数据建模 ··· 15
　　　　创建视觉对象 ··· 21
　　　　保存报表 ··· 24
　　Power BI Service ··· 25
　　　　Power BI Service用户界面 ·· 25
　　　　Power BI Service的构件 ··· 29
　　　　仪表板 ·· 29
　　　　报表 ·· 30
　　　　数据集 ·· 31
　　　　工作簿 ·· 32
发布报表 ··· 32
总结 ·· 33

第2章　Power BI Azure 应用程序
将Power BI报表嵌入到Web应用程序中 ····································· 34
实时流式处理 ··· 37

探索实时流式处理数据集 38
推送数据的不同方式 38
查看数据的实时流式处理 39
快速见解 45
总结 49

第3章 微软堆栈上的Power BI
从SQL Server导入数据到Power BI 50
使用导入选项 50
使用DirectQuery选项 53
使用DirectQuery选项的优势 56
使用DirectQuery选项的限制 56
使用DirectQuery选项的注意事项 56
性能和负载 56
支持的功能 57
安全性 57
数据建模 57
创建表之间的关系 58
使用自动检测功能 59
手动创建关系 61
了解基数 63
交叉筛选 65
使用数据分析表达式 65
语法 65
函数 66
上下文 67
使用计算列 68
使用计算表 69
创建报表 71
使用DirectQuery选项创建报表 71
使用导入选项创建报表 77
保存报表 78
发布报表 79
设置网关 81
了解网关 82
网关类型 82
本地数据网关（个人模式） 82
本地数据网关（标准模式） 83
下载并安装本地数据网关 83
配置网关 87

添加数据源 90
　自然语言查询 94
　Power BI中的数据刷新 100
　　配置计划刷新 101
　创建内容包 105
　Power BI与Cortana 组件的集成 108
　　创建Cortana回复页并发布 108
　　启用Cortana访问数据集 111
　　将Power BI凭据添加到Windows 10 113
　　通过Cortana访问报表 116
　总结 119

第 4 章　开源堆栈上的Power BI

　将PostgreSQL与Power BI集成 120
　下载并安装Npgsql连接器 120
　将数据导入Power BI 124
　数据建模 127
　　创建表之间的关系 127
　　　使用自动检测功能 127
　　　手动创建关系 129
　　数据分析表达式 130
　　创建计算列 131
　创建报表 133
　　保存报表 151
　发布报表 152
　Power BI 中的数据刷新 154
　　配置计划刷新 154
　　　下载并安装本地数据网关 155
　　　安装本地数据网关 155
　　　配置网关 159
　　　添加数据源 162
　　　配置计划刷新 165
　创建内容包 167
　总结 170

第 5 章　Power BI 在ERP上的应用

　CRM的定义 171
　　CRM解决方案的功能 171
　Microsoft Dynamics CRM 172
　　Microsoft Dynamics CRM的优势 172

注册Microsoft Dynamics CRM在线版 ·············· 172
为Dynamics CRM创建示例数据 ················ 177
将数据导入Power BI ······················ 178
创建报表 ···························· 181
　　按雇员筛选的领导收入 ·················· 182
　　　　chiclet切片器 ···················· 182
　　　　饼图视觉对象 ····················· 185
　　　　簇状条形图 ······················ 185
　　　　切片器 ························ 186
　　　　地图 ·························· 186
　　　　表 ··························· 186
　　按公司筛选的领导收入 ·················· 187
　　　　堆积面积图 ······················ 187
　　　　切片器 ························ 188
　　按类别筛选的贷款 ···················· 189
　　　　簇状柱形图 ······················ 189
　　贷款总额 ·························· 190
　　　　环形图 ························ 190
Power BI 中的深层链接 ···················· 191
添加新用户 ·························· 191
Power BI中的行级安全性 ··················· 195
　　定义角色和规则 ····················· 195
　　在Power BI中验证角色 ················· 197
　　部署报表 ·························· 199
　　管理安全性 ························ 199
　　与成员合作 ························ 201
　　　　添加成员 ······················· 201
　　　　删除成员 ······················· 202
　　验证Power BI Service中的角色 ············· 203
分享报表 ···························· 203
总结 ······························· 205

第 6 章　结论

数据可视化简介 ······················· 206
Power BI Azure应用程序 ··················· 207
Microsoft Stack上的Power BI ················ 207
开源堆栈上的Power BI ···················· 208
Power BI 在ERP上的应用 ·················· 209

第 1 章
数据可视化简介

技术概述

数据可视化是通过视觉对象呈现数据的概念,例如信息图形、图表、迷你图和地形图等。通过视觉对象呈现数据,对用户更具吸引力,并可使决策者以图像或图表的形式查看与分析数据。数据可视化可以帮助用户轻松识别与数据相关的困难概念或新模式。数据可视化工具有助于轻松识别在文本数据中难以辨别的模式、趋势和相关性。除交互式视觉效果外,你还可以具体查看图表和图形,访问显示的详细信息,或根据自己的需求进行其他的数据处理操作。

数据可视化的重要性

相比文本信息,人类大脑更容易处理数据的图形可视化。例如,相比电子表格或者文本报告,图形或图表可以以更清晰有效的方式表现大量复杂的数据。总体来说,数据可视化提供了一种有效传达概念的方式。

数据可视化的应用如下。
- 识别增强区域。
- 确定影响客户行为的因素。
- 定义产品的展示位置。
- 预测销售量。
- 将数据和分析大众化。
- 为组织内的所有资源提供数据驱动的依据。
- 创建大数据和高级分析项目。
- 解释比数字输出更容易的复杂算法。

数据可视化工具

目前,常见的数据可视化工具有以下几种。
- Microsoft Power BI工具(本书主要讲的工具)。
- Tableau工具。
- Qlik工具。

了解 Power BI

Power BI是微软推出的一款业务分析报表工具,结合了多种分析功能,可为整个组织提供业务见解,用于创建交互式业务报表。在Power BI之前,终端用户依赖信息技术人员和数据库管理员创建业务报表和仪表板。现在,终端用户可以在Power BI的帮助下自行创建业务报表和仪表板。Power BI数据集功能可让用户自主呈现数据并产生基于数据的可视化效果。Power BI的概念如图1.1所示。

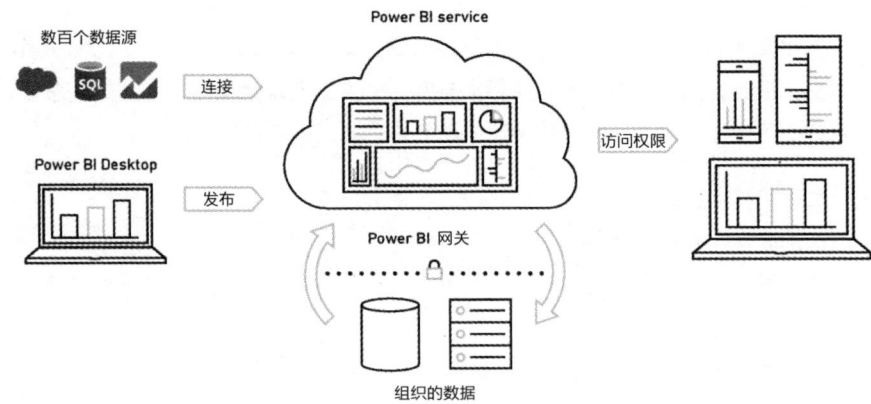

图1.1: Power BI 的概念

比较Microsoft Power BI和Tableau

Tableau和Microsoft Power BI是商业智能和数据可视化工具中两个主要竞争对手。这两种工具都易于使用,并可承载大量图像,以可视化形式呈现数据。

表1.1列出了Microsoft Power BI和Tableau在几个参数上的比较。

表1.1：比较Microsoft Power BI和Tableau

参数	数据可视化工具	
	Microsoft Power BI	**Tableau**
概述	为组织提供最关键数据的完整概述	提供各类型业务用户的数据发现
用户界面	提供易于使用的界面，如Excel	提供易于使用的界面
基础设施支持	提供比Tableau更好的支持	提供有限的基础设施支持
仪表板	提供可扩展的仪表板，允许用户选择所需的可视化作为蓝图，并使用导航器将数据拖放到可视化中	允许用户将仪表板嵌入到可用的业务应用程序（如SharePoint）中，以进行快速数据分析
数据源	支持多个数据源，如SAP HANA、JSON、MySQL，当从多个来源添加数据时，会自动检查数据源之间的关系。Microsoft Power BI还允许用户连接到Microsoft Azure数据库、第三方数据库、文件、Salesforce和Google Analytics等在线服务	支持多种数据连接器，包括OLAP、NoSQL、Hadoop和云选项。当从多个来源添加数据时，会自动检查不同数据源之间的关系。Tableau还允许用户根据公司的要求对数据链接进行更改
可视化支持	有助于轻松上传数据集。提供了许多可视化效果，用户可以选择这些可视化作为蓝图。可以从侧栏插入所选可视化的数据。还允许用户使用自然语言查询来创建复杂的可视化。支持3,500个数据点，可进行数据分析	支持不同类型的可视化，包括热图和折线图等。有助于通过界面轻松创建复杂的可视化，而无须编码专业知识。允许用户在数据分析中使用多个数据点
客户/技术支持	为具有免费Power BI账户或付费Power BI账户的两类用户提供技术支持，两种类型的用户都可以生成支持请求。提供了深层次的文档，通过逐步使用Power BI帮助新手和专家用户。还为用户提供了一个公共的社区论坛	提供多种技术支持选项。例如，用户可以直接通过电话呼叫或通过向客户门户发送电子邮件来生成支持请求。用户还可以根据软件所属的订阅类别来使用基于知识的存储库。社区论坛也可用于培训
定价	提供三种订阅方式，包括Desktop、Pro和Premium。Power BI Desktop对个人免费；Power BI Pro每位用户每月收费9.99美元；Power BI Premium的定价取决于所需的容量每月按每个节点收费	提供三种订阅方式，包括Tableau Desktop、Tableau Server和Tableau Online。有两个版本的Tableau Desktop，包括个人版和专业版。Tableau Desktop个人版每位用户每月收费35美元，专业版每位用户每月收费70美元。Tableau Server每位用户每月收费35美元。Tableau Online每位用户每月收费42美元

提示

根据Gartner的描述，"Microsoft Power BI是商业智能和分析平台魔力象限的领导者"。

Power BI 的主要功能

Power BI是一种数据可视化和商业智能工具，可使业务以交互式报表的形式轻松呈现。Power BI有多种功能，下面介绍几种主要的功能。
- 免费注册。
- 能够从多个数据源接收数据。
- 能够获取业务的关键指标。
- 快速见解。
- 来自各处的基于数据所作的决策。

免费注册

使用任何软件都要考虑使用成本的问题。用户使用Power BI时可以免费注册，无须提供信用卡信息。用户还可以在Power BI的帮助下轻松监控数据，无须任何专门的设置或培训即可开始工作。此外，用户还可以试用Power BI Pro账户，体验Power BI的高级功能，但只能获得10 GB的试用空间。

能够从多个数据源接收数据

Power BI支持大量数据源，包括SQL Server、PostgreSQL和Dynamics CRM等。用户可以从这些不同的数据源将数据传输到Power BI，分析收集到的数据，并根据收集的数据创建交互式报表。

获取业务的关键指标

无论数据源和数据的性质如何，Power BI会提供业务关键指标的完整视图，用户可以获得来自Excel电子表格、云服务或本地数据库业务数据的完整视图。

快速见解

快速见解功能将复杂算法应用于Power BI中的数据集，并在指定的时间范围内快速识别数据集的不同子集。

来自各处的基于数据所作的决策

作为组织的业务代表，用户可以从任何地方管理数据，可以使用适用于不同设备的可触控应用程序，包括Windows、iOS和Android等，来访问组织数据。

Power BI 的高级功能

除了以上功能外，Power BI还支持多种高级功能，其中常用的高级功能如下。
- 能够将Power BI报表和仪表板嵌入到Web应用程序中。
- 实时流式处理。
- 支持自然语言查询。
- 可共享内容包。
- 能够与Cortana整合。

能够将Power BI报表和仪表板嵌入到Web应用程序中

Power BI能够将Power BI报表和仪表板嵌入到Web应用程序中，以通过像Git这样的源代码库提供的API和示例代码来实现。

实时流式处理

实时流式处理是Power BI的高级功能之一，可帮助用户在Power BI仪表板中实时传输数据。换句话说，固定到Power BI仪表板的视觉对象会通过实时数据进行更新。

支持自然语言查询

Power BI的一个令人兴奋的功能是它支持自然语言。用户可以使用自然语言（英语）查询Power BI，并以视觉对象形式（包括图表和图形）得到结果。当用户通过Power BI进行查询时，此功能通常称为问答，Power BI会为用户的查询提供答案。

共享内容包

以前，用户只能与组织中的其他用户共享报表，现在还可以与组织中的其他用户共享仪表板、报表和数据集的完整包。这个完整包被称为内容包。用户可以创建内容包并将其发布给团队成员。发布时可以在名为AppSource的集中存储库中使用。该存储库可帮助团队成员轻松找到为其发布的报告和数据集。要创建和访问组织内容包，用户只需一个Power BI Pro账户就可以。

与Cortana集成

现在，用户可以将Power BI报告与Cortana集成，快速查找并将结果列入用户使用自然语言进行的查询，这是Windows 10一项令人兴奋的功能。与Cortana集成，可直接从Power BI仪表板和报表中提供相关信息。要使用此功能，用户需要在Power BI的Azure Active Directory（Azure AD）的工作或学校账户中创建Cortana答案页面，并配置要与Cortana一起使用的一个或多个数据集。

Power BI 的变体

Power BI是一种业务分析服务工具，可使用户快速有效地可视化和检查数据，提供了友好的仪表板、交互式报表和强大的可视化效果，用户可以通过它们连接到大量数据源。Power BI有两种变体，分别如下。
- Power BI Desktop。
- Power BI Service。

Power BI Desktop

Power BI Desktop，顾名思义，是Power BI的本地版本，提供了构建报表、查询和数据连接等功能。用户可以轻松与组织中的其他人共享报表。Power BI 桌面嵌入了数据建模、可视化和查询引擎，与Power BI Service结合，能更容易产生并分享数据见解。

Power BI Desktop是一个灵活且占主导地位的工具，为数据分析师提供以下功能。

- 连接到多个数据源。
- 以直观的方式构建数据。
- 创建强大的数据模型。
- 创建连贯的图像。

Power BI Desktop使设计和创建业务智能报表的过程变得简单和集中。

安装Power BI Desktop

Power BI Desktop是一种内部部署解决方案。用户需要先在计算机中下载并安装Power BI Desktop，才可以使用。

用户可以执行以下步骤，下载和安装Power BI Desktop。

1. 首先打开以下链接地址。
   https://www.microsoft.com/en-us/download/details.aspx?id=45331

2. 选择语言为中文简体，单击**"下载"**按钮，如图1.2所示。

图1.2： 下载Power BI Desktop

出现**"选择您要下载的程序"** 界面。

3. 根据系统配置，在**"文件名"**列表中勾选所需文件名前面的复选框。32位操作系统的计算机，请勾选PBIDesktop.msi前面的复选框。64位操作系统的计算机，请勾选PBIDesktop_x64.msi前面的复选框。

第1章 数据可视化简介

4. 单击**Next**按钮，如图1.3所示。

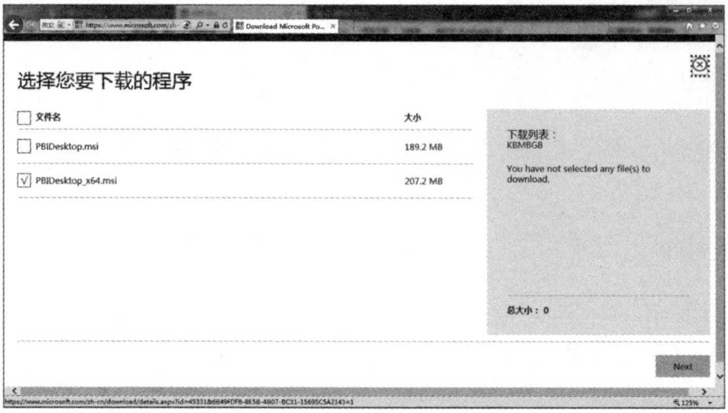

图1.3： 选中一个文件

下载所选文件后，双击该文件进入安装过程，此时将显示**Microsoft Power BI Desktop（x64）安装程序**对话框，出现"**欢迎使用Microsoft Power BI Desktop（x64）安装向导**"界面。

5. 单击"**下一步**"按钮，如图1.4所示。

图1.4： Microsoft Power BI桌面（x64）安装向导

6. 在出现"**Microsoft软件许可条款**"的页面，阅读许可条款。

7. 勾选"**我接受许可协议中的条款**"复选框。

8. 单击"**下一步**"按钮，如图1.5所示。

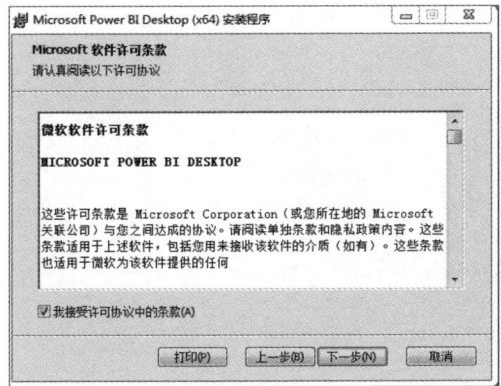

图1.5：接受许可协议中的条款

出现"**Microsoft Power BI Desktop（x64）安装程序**"的"**目标文件夹**"向导。

9. 在"**Microsoft Power BI Desktop（x64）安装位置**"文本框中输入目标文件夹的完整路径。

10. 单击"**下一步**"按钮，如图1.6所示。

图1.6：指定目标文件夹

 提示

用户可以单击"更改"按钮，更改目标文件夹的路径。

Microsoft Power BI Desktop（x64）**安装程序**界面显示"**已准备好安装 Microsoft Power BI Desktop（x64）**"文本提示。

11. 单击"**安装**"按钮，如图1.7所示。

图1.7：安装Microsoft Power BI Desktop

将出现**Microsoft Power BI Desktop（x64）安装程序**的"**正在安装Microsoft Power BI Desktop（x64）**"界面，显示安装进度，如图1.8所示。

图1.8：Microsoft Power BI Desktop（x64）安装界面

显示Microsoft Power BI Desktop（x64）安装程序的"Microsoft Power BI Desktop（x64）安装向导已完成"界面。

12. 勾选**"启动Microsoft Power BI Desktop"**复选框，启动Power BI Desktop。

13. 单击**"完成"**按钮完成安装，如图1.9所示

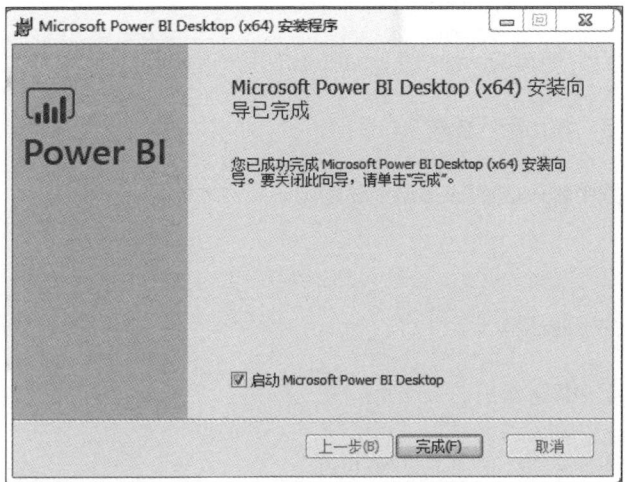

图1.9：安装完成

出现Power BI Desktop的用户界面，如图1.10所示。

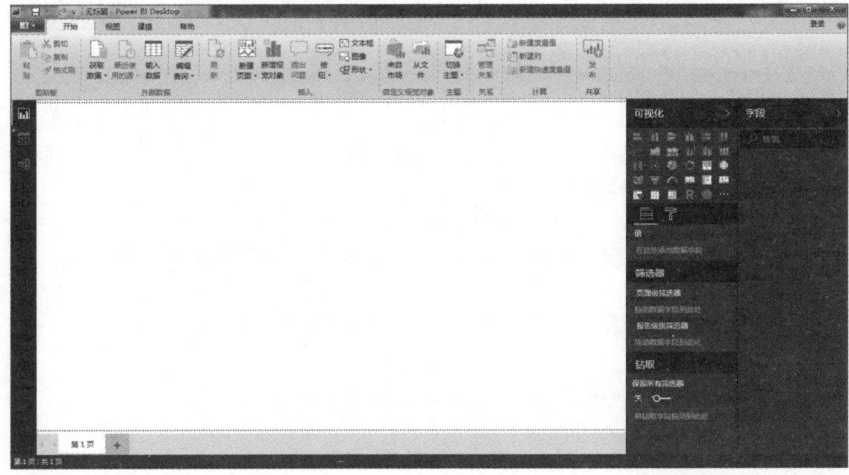

图1.10：Power BI Desktop用户界面

连接数据

在连接到数据之前，用户应该登录Power BI，有助于整合Power BI Desktop和Power BI Service，使两者无缝地工作。如果没有Power BI账户，可以免费创建。

执行以下步骤，连接Power BI Desktop中的数据。

1. 启动Power BI Desktop，出现Power BI Desktop的用户界面。

2. 单击"**登录**"文本链接，将出现"**登录**"对话框。

3. 在"**电子邮件**"文本框中输入链接到Power BI的电子邮件地址。

4. 单击"**登录**"按钮。

   出现"**登录到您的账户**"对话框。

5. 在"**输入密码**"文本框中输入密码。

6. 单击"**登录**"按钮，即可登录Power BI Desktop。

7. 在"**开始**"选项卡下单击"外部数据"选项组中"**获取数据**"按钮的上半部分，如图1.11所示。

图1.11： 单击"获取数据"按钮

出现"**获取数据**"对话框。

8. 从左侧选项列表中选择"**全部**"选项，右侧面板中将显示可用数据源列表。

9. 从要获取数据的位置选择所需的数据源，此处选择了Excel选项。

10. 单击"**连接**"按钮，如图1.12所示。

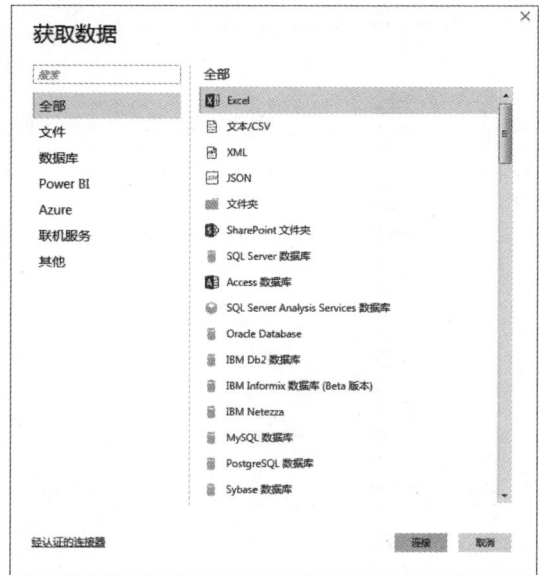

图1.12:"获取数据"对话框

出现"**打开**"对话框。

11. 导航到要连接到Power BI文件所在的位置。

12. 选择要连接到Power BI的文件。

13. 单击"**打开**"按钮,如图1.13所示。

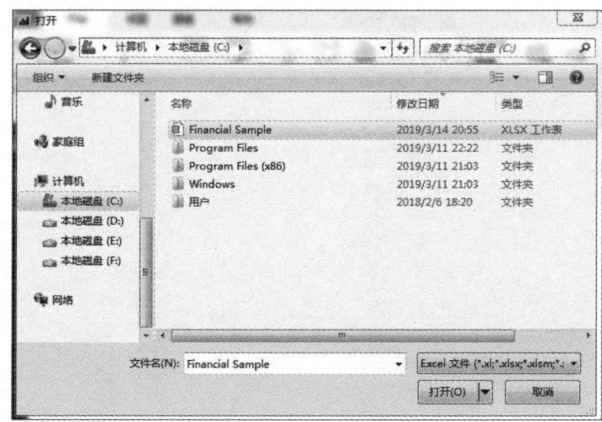

图1.13:"打开"对话框

单击"打开"按钮后，Power BI将连接到所选数据源，并出现**"导航器"**对话框。

14. 在**"显示选项"**列表中选择所需的工作表，将其加载到Power BI。选择工作表后，内容将显示在右侧面板中。

15. 单击**"加载"**按钮，将选定的工作表加载到Power BI，如图1.14所示。

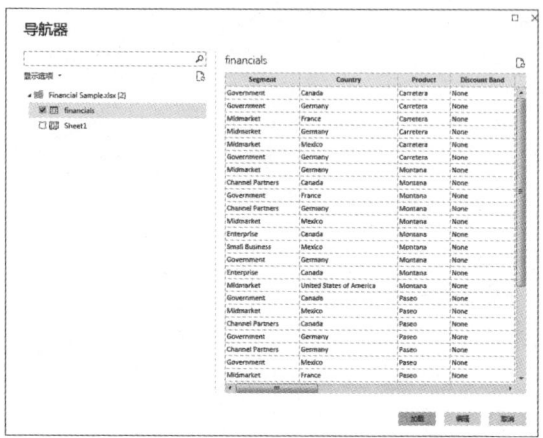

图1.14： 导入表格

将选定的工作表加载到Power BI后，在**"字段"**窗格中显示了工作表的字段，如图1.15所示。

图1.15："字段"窗格

此时将获得Power BI Desktop的报表视图,用户可以通过单击界面左侧的"数据"图标来访问"数据"视图。数据视图以表格形式显示所有数据,如图1.16所示。

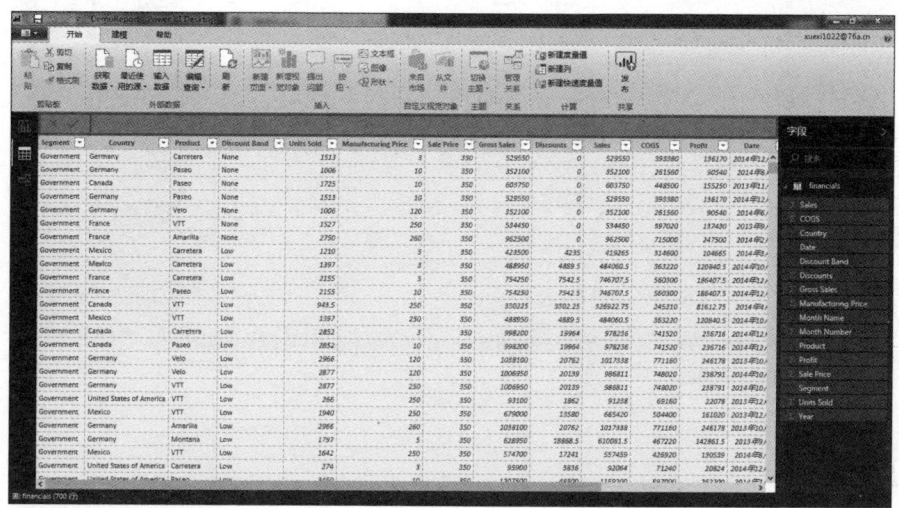

图1.16: 显示数据视图

塑造数据或数据建模

用户可以使用Power BI Desktop连接到多个数据源,并可以根据自己的要求对数据进行整形。整形数据与转换数据是一回事。整形数据一般包括以下操作。
- 修改列或表。
- 修改数据类型。
- 添加或删除行/列。
- 将第一行作为标题。

要对数据进行整形或转换,Power BI Desktop会提供"**查询编辑器**"窗口。该窗口允许用户塑造数据或创建关系。用户可以在Power BI Desktop的"开始"选项卡下单击"**外部数据**"选项组中的"**编辑查询**"按钮,打开查询编辑器窗口。图1.17显示了**查询编辑器**窗口。

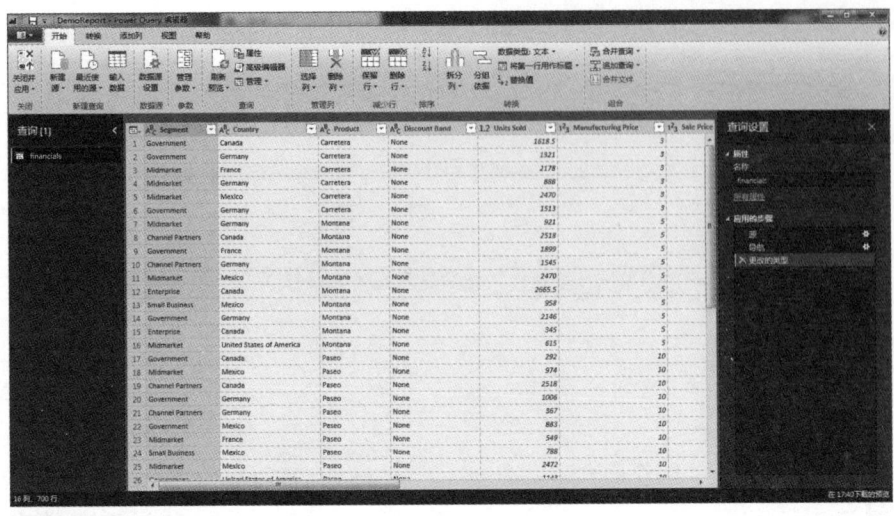

图1.17：查询编辑器窗口

 提示

如果没有数据源，查询编辑器窗口将显示空白窗格。

在提供整形数据的详细描述之前，用户可以先来认识一下查询编辑器窗口的用户界面。通常，查询编辑器窗口在功能区中有工具选项卡，功能区的许多命令、选项分隔到不同的选项卡中，介绍如下。

1. "开始"选项卡：该选项卡包含与查询相关的命令，例如新建源、输入数据、选择列等，图1.18显示了"开始"选项卡。

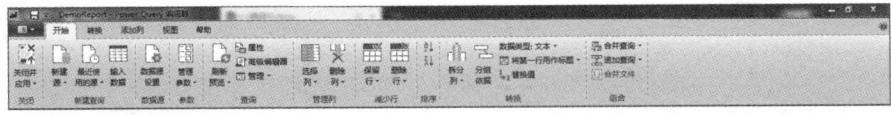

图1.18："开始"选项卡

2. "转换"选项卡：此选项卡包含与数据转换任务相关的命令，如图1.19所示。

图1.19："转换"选项卡

3. **"添加列"选项卡：** 此选项卡包含添加新列、添加自定义列和格式化列等命令，如图1.20所示。

图1.20： "添加列"选项卡

4. **"视图"选项卡：** 此选项卡包含布局和数据预览等命令，如图1.21所示。

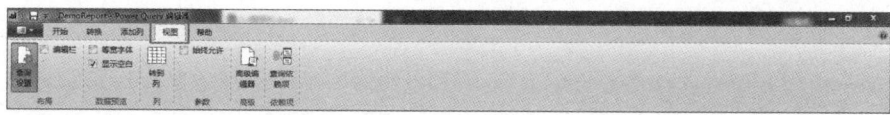

图1.21： "视图"选项卡

除了功能区上的四个主要选项卡外，查询编辑器窗口还包含以下窗格或功能。

1. **"查询"窗格：** 位于查询编辑器窗口的左侧，用数字显示目前活跃的查询信息，如图1.22所示。

图1.22： "查询"窗格

2. **数据窗格**：是显示查询实际数据的中心窗格，如图1.23所示。

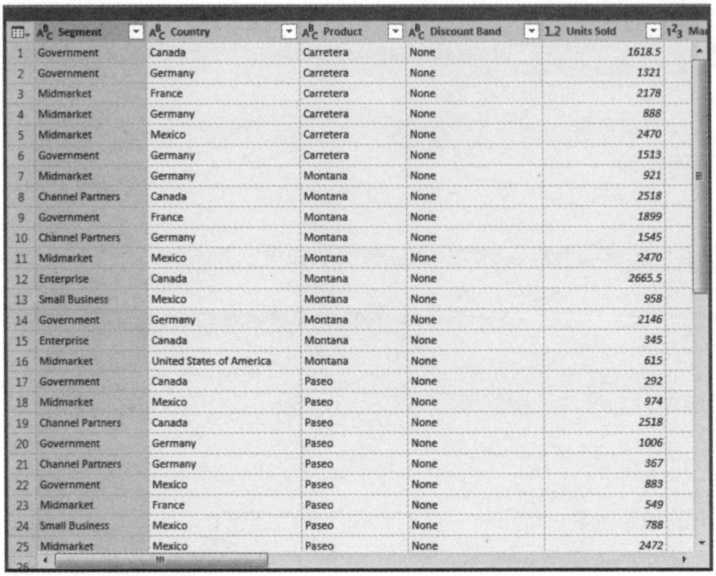

	Segment	Country	Product	Discount Band	Units Sold	Ma
1	Government	Canada	Carretera	None	1618.5	
2	Government	Germany	Carretera	None	1321	
3	Midmarket	France	Carretera	None	2178	
4	Midmarket	Germany	Carretera	None	888	
5	Midmarket	Mexico	Carretera	None	2470	
6	Government	Germany	Carretera	None	1513	
7	Midmarket	Germany	Montana	None	921	
8	Channel Partners	Canada	Montana	None	2518	
9	Government	France	Montana	None	1899	
10	Channel Partners	Germany	Montana	None	1545	
11	Midmarket	Mexico	Montana	None	2470	
12	Enterprise	Canada	Montana	None	2665.5	
13	Small Business	Mexico	Montana	None	958	
14	Government	Germany	Montana	None	2146	
15	Enterprise	Canada	Montana	None	345	
16	Midmarket	United States of America	Montana	None	615	
17	Government	Canada	Paseo	None	292	
18	Midmarket	Mexico	Paseo	None	974	
19	Channel Partners	Canada	Paseo	None	2518	
20	Government	Germany	Paseo	None	1006	
21	Channel Partners	Germany	Paseo	None	367	
22	Government	Mexico	Paseo	None	883	
23	Midmarket	France	Paseo	None	549	
24	Small Business	Mexico	Paseo	None	788	
25	Midmarket	Mexico	Paseo	None	2472	

图1.23：数据窗格

3. **“查询设置”窗格：**此窗格列出了在“应用的步骤”选项列表框中对查询执行的步骤，如图1.24所示。

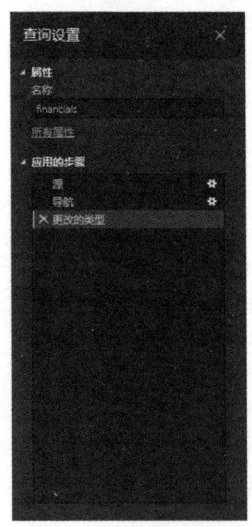

图1.24：“查询设置”窗格

用户可以执行以下步骤整形数据。

1. 单击Power BI Desktop"**开始**"选项卡下"**外部数据**"选项组的"**编辑查询**"按钮，出现"查询编辑器"窗口。

2. 右键单击"**查询**"窗格（窗口左侧）中的查询选项，将出现快捷菜单。

3. 从快捷菜单中选择"**引用**"命令，创建查询的引用，如图1.25所示。

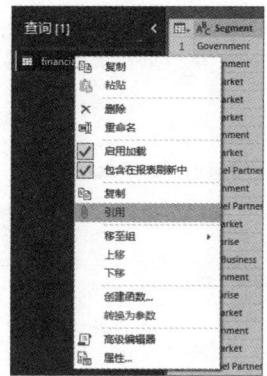

图1.25：创建查询的引用

对所选查询的引用已创建。

4. 在"**查询设置**"窗格（窗口右侧）"**属性**"区域的"**名称**"文本框中输入所需的查询名称，指定的名称将自动在"**查询**"窗格中更新。

5. 选择"**转换**"选项卡，出现与所选选项卡相关的命令。

6. 单击"**表格**"选项组的"**分组依据**"按钮，如图1.26所示。

图1.26：单击"分组依据"按钮

出现"**分组依据**"对话框。

7. 选择"**基本**"单选按钮，可以创建简单查询。或选择"**高级**"按钮，创建比较复杂的查询。

8. 根据所要应用分组的方式，从"**分组依据**"下拉列表中选择所需选项。在示例中，选择了**Country**选项。

9. 单击"**添加分组**"按钮，应用其他分组。

10. 根据要应用分组的方式，从"**分组依据**"下拉列表中选择所需选项，此处选择了**Product**选项。

11. 在"**新列名**"文本框中键入所需的列名称，此处输入了**Total Products Sold**文本。

12. 从"**操作**"下拉列表中选择所需选项，此处选择了"**求和**"选项。

13. 从"**列**"下拉列表中选择所需选项，此处选择了**Units Sold**选项。

14. 单击"**确定**"按钮，如图1.27所示。

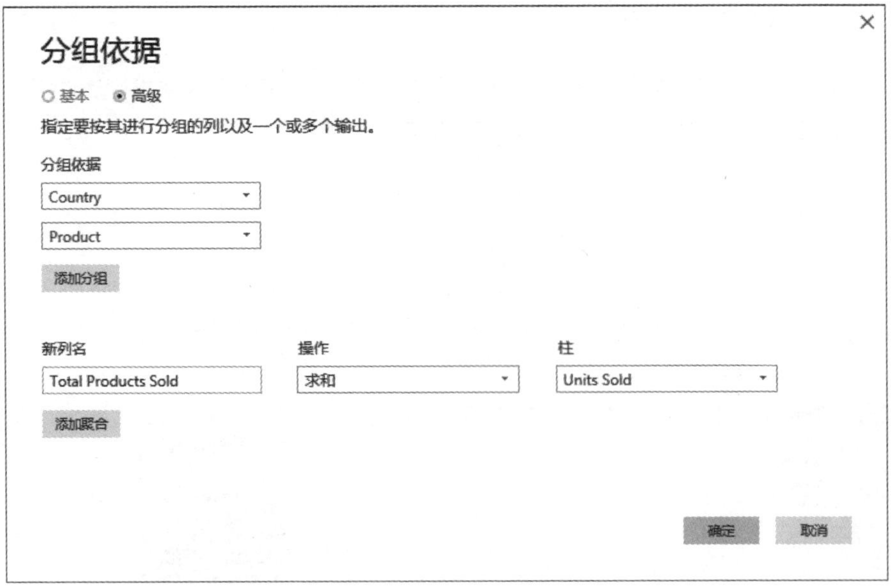

图1.27："**分组依据**"对话框

指定查询的结果已显示，如图1.28所示。

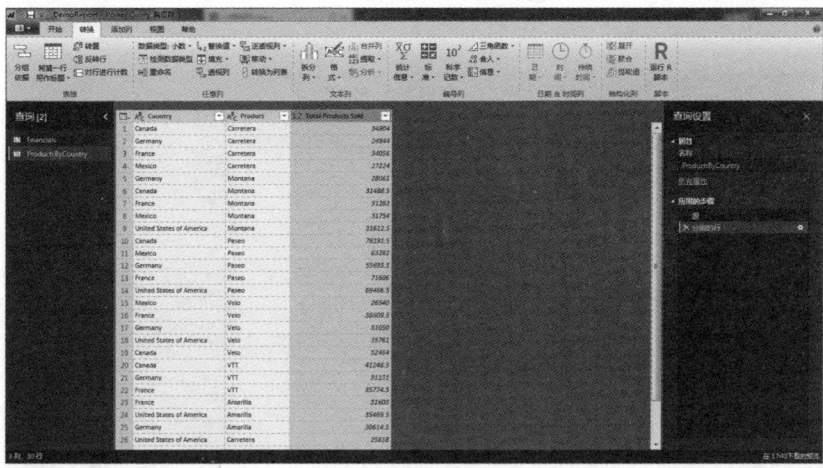

图1.28：显示结果

15. 在"**开始**"选项卡中单击"**关闭**"选项组的"**关闭并应用**"按钮，以应用更改，如图1.29所示。

图1.29：应用更改

更改已应用，并生成新表。用户可以根据需要使用查询编辑器窗口执行其他任务。

创建视觉对象

报表全部是关于视觉对象的。Power BI支持大量视觉对象，以更具吸引力的方式显示所需信息。

基于上一节中创建的查询，执行以下步骤将创建视觉对象。

1. 单击"**可视化**"窗格中的"**字段**"图标以添加字段视觉对象可视化，选定的视觉对象显示在工作区域中。

2. 将所需字段从"**字段**"窗格拖到"**可视化**"窗格的**字段**部分。示例中选择了 Country。切片器中会显示国家列表，如图1.30所示。

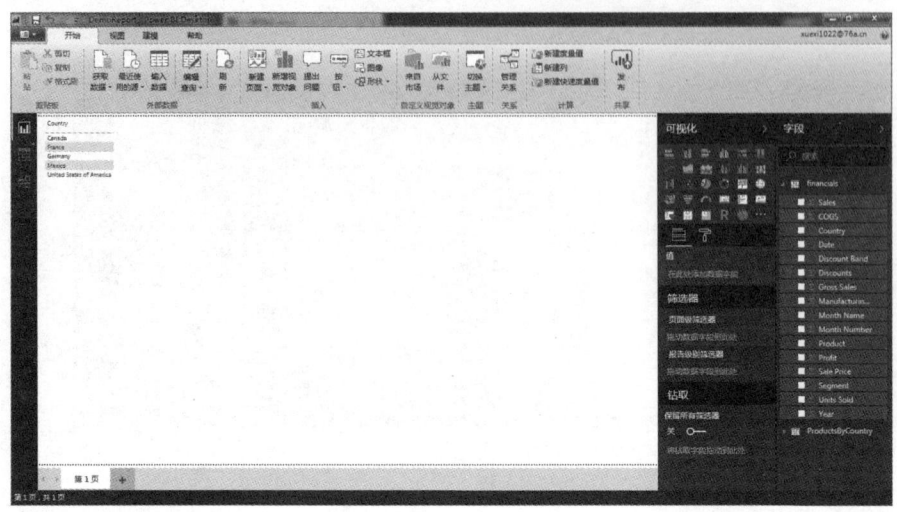

图1.30： 拖动字段

3. 单击"**格式**"图标，查看格式设置。与所选视觉对象相关的格式设置显示在相应区域下方。

4. 单击所需的部分，查看相关设置，并根据所需要求进行修改。

5. 将"**可视化**"窗格中的另一个字段添加到工作区。

6. 将**Product**字段从"**字段**"窗格拖到"**可视化**"窗格下的字段，新的字段将被添加到工作区域。

7. 然后根据需要应用格式设置。

8. 将饼图从"**可视化**"窗格添加到工作区。

9. 将"**字段**"窗格中的Country字段拖动到"**可视化**"窗格中的"**图例**"处。

10. 将"**字段**"窗格中的Product字段拖到"**可视化**"窗格的"**详细信息**"处。

11. 将"**字段**"窗格中的**Total Products Sold**字段拖到"**可视化**"窗格的"**值**"处，如图1.31所示。

Power BI 的变体

图1.31：拖动字段

12. 根据要求应用格式设置。

   视觉对象出现在工作区域中，如图1.32所示。

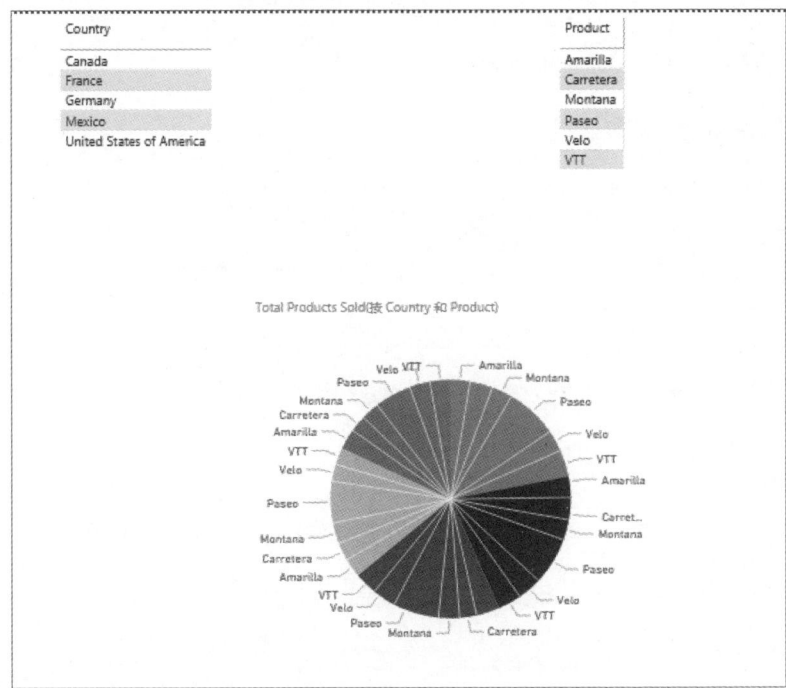

图1.32：展示视觉对象

保存报表

一般来说,定期保存报表是一种好习惯。

> **提示**
>
> Power BI 报表的扩展名是 .pbix。

执行以下步骤保存报表。

1. 从功能区中选择"**文件**"选项卡,出现后台视图。

2. 从后台视图中选择"**保存**"选项。

   出现"**另存为**"对话框。

3. 选择要保存报表的位置。

4. 在"文件名"文本框中输入报表名称,此处输入**DemoReport**。

5. 单击"**保存**"按钮,如图1.33所示。

   以指定的名称保存报表。

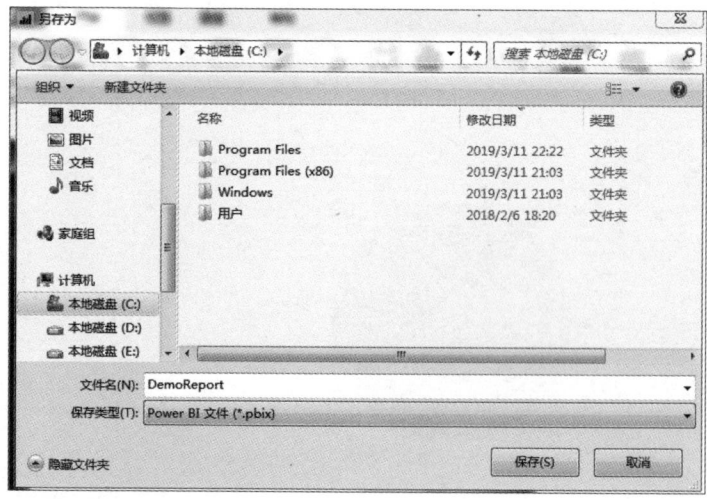

图1.33: 保存报表

Power BI Service

Power BI Service/ Power BI Online是一种商业智能服务,可云托管报表(Microsoft Azure)。Power BI Desktop和Power BI Service的主要区别在于前者专注于创建数据,而后者专注于共享数据。

两者之间的另一个区别是它们的界面。

提示

用户可以使用已登录凭据来使用Power BI Service。但如果没有凭据,也可以免费注册。

Power BI Service用户界面

图1.34显示了Power BI Service的用户界面。

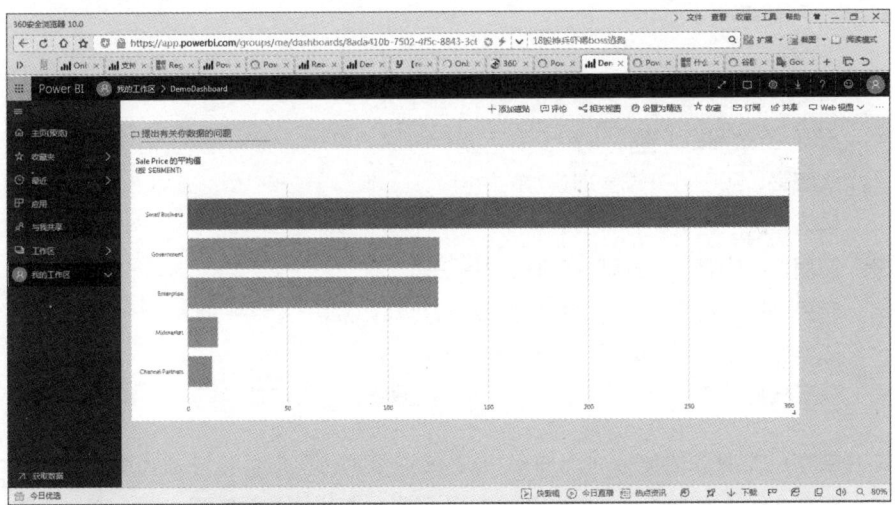

图1.34:Power BI Service用户界面

下面对图1.34的Power BI Service用户界面的组成进行介绍。

1. **导航器窗格**:可使用户在工作区和Power BI构建块之间导航,例如仪表板、报表、工作簿和数据集。导航器窗格如图1.35所示。

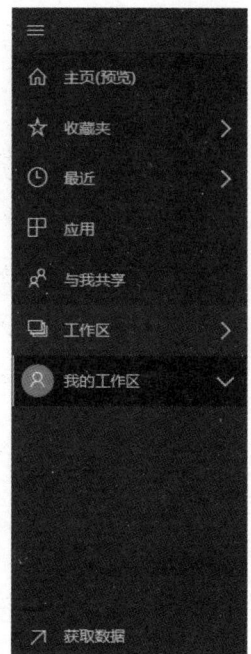

图1.35：导航器窗格

导航器窗格包含多个选项，简要说明如下。

- **展开/折叠图标（■）**：用于展开/折叠导航器菜单。
- **收藏夹**：用于打开或管理喜欢的内容。
- **最近**：用于查看和打开最近访问过的内容。
- **应用**：用于查看、打开或删除应用程序。
- **与我共享**：用于查看、搜索同事/朋友共享的内容。
- **工作区**：显示可用的工作空间。
- **获取数据按钮**：用于向Power BI添加数据集、报表和仪表板。

2. **画布**：是磁贴的集合，为磁贴/报表提供可视化区域。打开报表编辑器时，会显示一个报表页面。将磁贴添加到仪表板的行为称为固定。图1.36显示了画布。

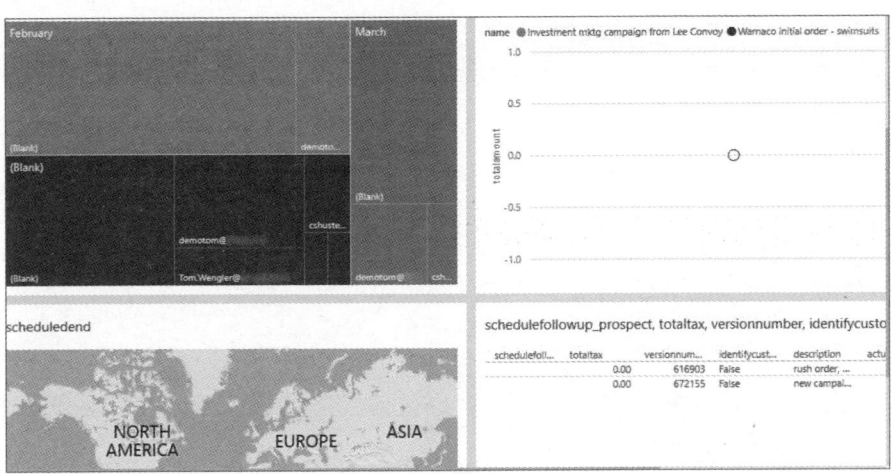

图1.36：画布

3. **问答框**：在链接到仪表板的数据集中查找解决方案，并以可视化的形式提供查询的答案。它还可用于向仪表板添加内容。图1.37显示了问答框。

图1.37：问答框

4. **图标按钮**：提供执行特定任务的帮助，例如以全屏模式打开仪表板、查看通知、应用不同的设置、查看下载、获取帮助以及发送反馈等。图1.38显示了图标按钮。

图1.38：图标按钮

5. **仪表板标题**：显示仪表板/报告名称前面的工作区名称。仪表板标题中的每个部分都充当活动链接。图1.39显示了仪表板标题。

图1.39：仪表板标题

6. **Office 365应用程序启动器：** 帮助用户轻松找到并打开所有Office 365应用程序。单击Office 365应用程序启动器图标▦，将显示Office 365应用程序列表，如图1.40所示。

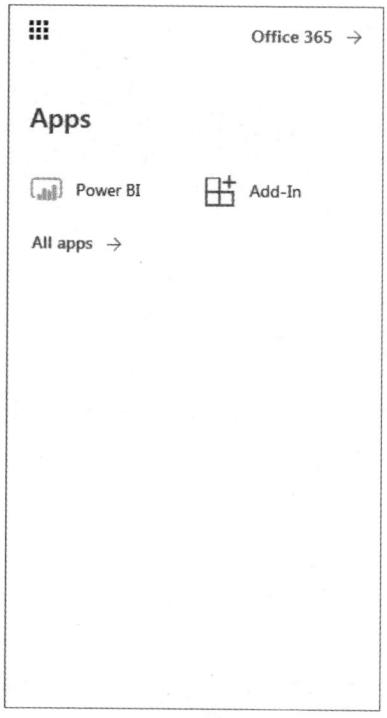

图1.40： Office 365应用程序列表

这些应用可帮助用户快速发送电子邮件和文档等。

7. **Power BI主页按钮：** 如果已设置，将打开特色仪表板。否则，会打开已查看的仪表板。图1.41显示了Power BI 主页按钮。

图1.41： Power BI主页按钮

8. **带标签的图标按钮：** 允许用户与内容进行交互。用户可以选择省略号图标（…）查看不同任务的更多选项，包括复制、打印、刷新仪表板等。图1.42显示了带标签的图标按钮。

图1.42：带标签的图标按钮

Power BI Service的构件

Power BI的一些主要构件如下。
- 仪表板
- 报表
- 工作簿
- 数据集

这些构件被分到不同工作区，工作区充当这些构件的容器。在Power BI中，可以使用以下两种类型的工作区。
- **我的工作区：** 允许Power BI用户使用他人的内容。没有人可以访问用户的"我的工作区"。要与他人共享内容，用户需要创建一个应用程序工作区，在应用程序中捆绑所需内容，并与组织中的其他人共享。
- **应用程序工作区：** 允许用户与他人共享内容以及创建、发布和控制应用程序。应用程序工作区被视为主要内容容器，有助于创建Power BI应用程序。

仪表板

仪表板是磁贴的集合，从无磁贴到任意数量的磁贴。磁贴是固定在仪表板的数据快照。用户可以从报表、数据集、仪表板、Excel、SSRS等多个位置创建磁贴。使用"添加磁贴"按钮可以创建单个磁贴，用户也可以直接从仪表板添加文本框、视频、流数据等来创建磁贴。

除了固定报表中的磁贴之外，用户还可以将整个报表页面作为单个磁贴固定到仪表板。

选择"仪表板"选项卡，可以查看与所选工作区相关的可用仪表板。用户只需选择一个特定的仪表板，便可打开并查看其内容。此外，每个仪表板都提供关联数据集的自定义视图。需要注意的是，用户无法对其他人共享的仪表板和报告进行编辑更改。但是，如果用户有仪表板，则可以编辑数据集和报告。图1.43显示了"仪表板"选项卡下可用的仪表板列表。

图1.43：仪表板

仪表板的主要作用如下。
- 一目了然地查看决策信息。
- 控制有关组织的重要信息。
- 确保所有同事都可以访问相同的页面和信息，做到统一。
- 维护业务条件或产品条件。
- 构建仪表板的自定义视图。

报表

Power BI报表是可视化/视觉效果的集合，例如图表和图形。这些视觉效果来自单个数据集。用户可以通过以下方法创建报表。
- 从头开始，在Power BI中创建报表。
- 将同事共享的仪表板导入报表。
- 将数据集与Excel、Power BI Desktop、数据库等工具连接来创建报表。例如，连接到Excel工作簿时，基于Power View工作表来创建报表。

要与报表交互，Power BI提供了以下两种视图。

1. **阅读视图：** 这是报表的默认视图。该视图允许共享链接的所有者和收件人访问报表及内容。但是，无法在此视图中进行编辑。

2. **编辑视图：** 该视图下仅允许拥有者、共同拥有者和授权用户浏览、设计和修改报表。用户可以单击编辑报表按钮，在编辑视图中打开报表。

与工作空间关联的所有报表都显示在"报表"选项卡下，如图1.44所示。

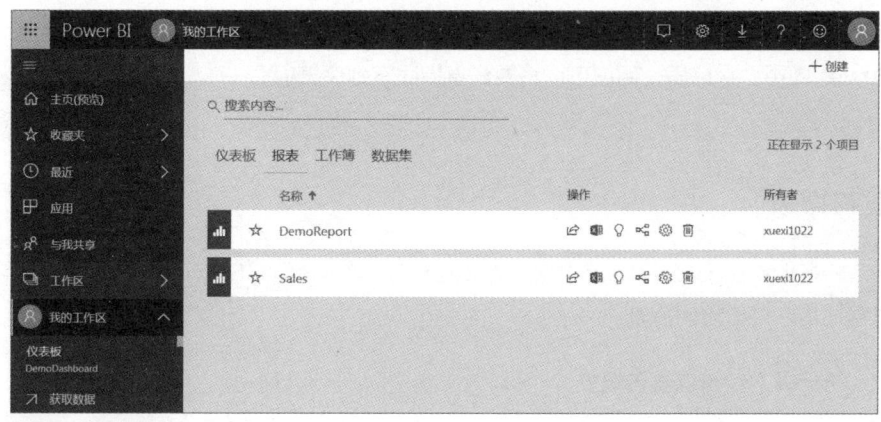

图1.44：报表展示

数据集

数据集是用户向Power BI中导入或连接的一组数据。Power BI可以连接到所有类型的数据集并将它们集中在一起。

以下是与数据集相关的重要事项。
- 数据集与工作区连接，其中单个数据集可以连接到多个工作区。
- 数据集可以连接到不同的报表。
- 用户可以在不同的仪表板上查看与数据集相关的可视化效果。

与工作区关联的所有数据集都显示在"数据集"选项卡下，如图1.45所示。

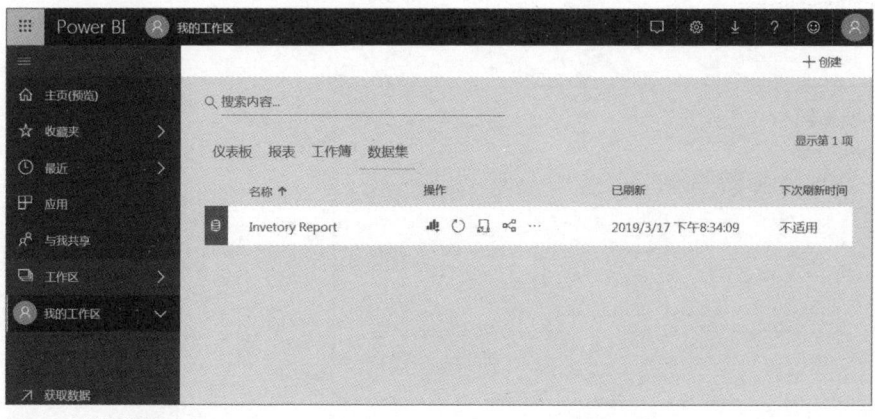

图1.45：数据集展示

工作簿

工作簿是一种特殊类型的数据集，可以导入或连接到Power BI。当用户选择Excel作为"获取数据"的选项并单击"连接"按钮时，关联的工作簿将显示在Power BI中。从这里，用户可以将要素直接固定到仪表板。

发布报表

将在Power BI Desktop中创建的报表发布到Power BI Service非常简单，可以帮助用户轻松访问报表。

执行以下步骤以发布报表。

1. 在Power BI Desktop中打开报表。

2. 单击"**开始**"选项卡下"**共享**"选项组的"**发布**"按钮，如图1.46所示。

图1.46：发布报表

将出现"**发布到Power BI**"对话框。

3. 从"**选择一个目标**"列表框中选择所需目标。

4. 单击"**选择**"按钮，如图1.47所示。

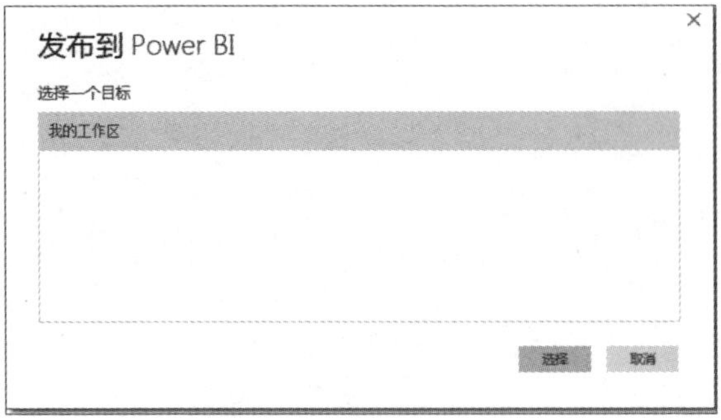

图1.47："发布到 Power BI"对话框

"**发布到Power BI**"对话框显示将报表发布到Power BI的状态。发布成功后，用户可以通过单击Power BI链接中的"**在Power BI中打开DemoReport.pbix**"文本链接，打开报表，如图1.48所示。

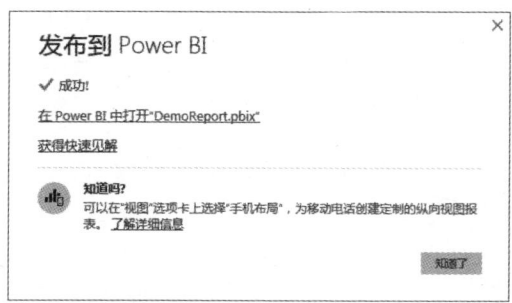

图1.48： 显示发布状态

已发布的报表显示在Power BI Service中，如图1.49所示。

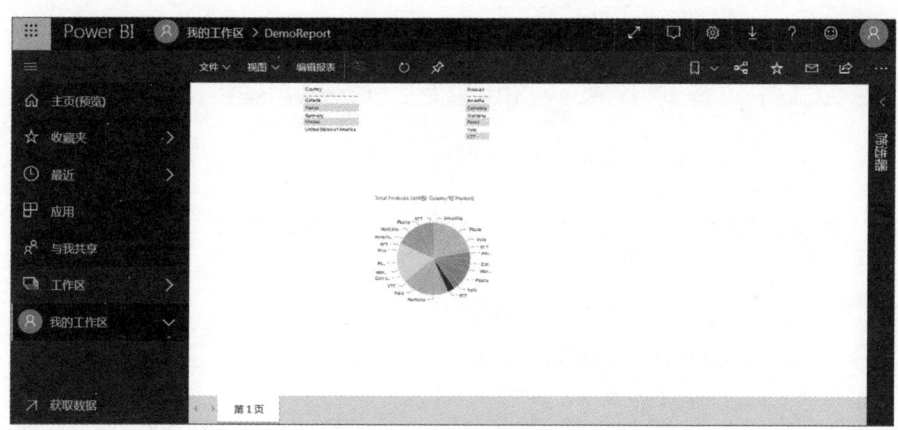

图1.49： 显示已发布报表

总结

本章简要概述了一个重要的数据可视化工具，即Power BI。Power BI是一种数据可视化和商业智能工具，能使企业所有者轻松获取业务统计信息。与Power BI相关的高级功能使其成为业务分析管理人员的理想选择。本章提供了有关Power BI Desktop和Power BI Service的详细信息，还介绍了如何创建报表并将其发布到Power BI Service。

第 2 章
Power BI Azure 应用程序

Power BI可以与Azure服务相结合，以实时了解业务。借助Azure API应用，无论所处理数据的性质如何，用户都可以直观地看到实时业务数据。

用户可以在Power BI中创建报表并将其嵌入到Web应用程序中。还可以查看实时数据流，这意味着可以通过固定在Power BI上的仪表板看到数据的实时更新信息。

将Power BI报表嵌入到Web应用程序中

借助API和Git等源代码库提供的示例代码，可以将Power BI报表和仪表板嵌入到Web应用程序中。

执行以下步骤，可以将Power BI报表嵌入到Web应用程序。

1. 在Visual Studio中构建Web应用程序的源代码。

2. 用户可以通过执行以下步骤注册Power BI应用程序。
   a. 打开以下网址链接。
      https://dev.powerbi.com/apps
      出现**Register your application for Power BI**窗口。

   b. 登录用户Power BI账户。登录成功后，将重新打开**Register your application for Power BI**窗口。

   c. 在**Application Name**文本框中输入所需的应用程序名称。

   d. 在**Application Type**下拉列表中选择所需的应用类型，如图2.1所示。

将Power BI报表嵌入到Web应用程序中 —— 35

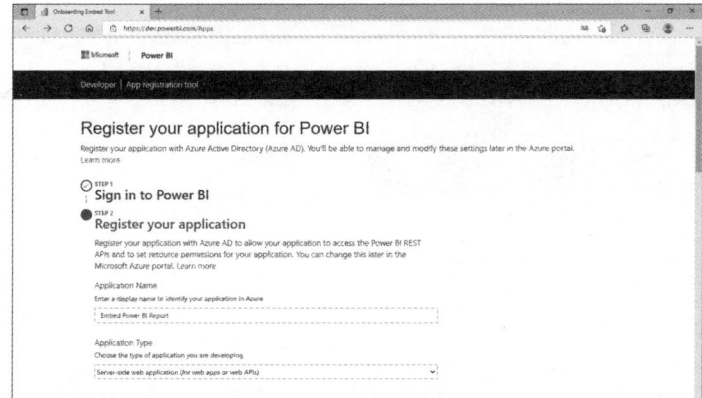

图2.1: 详述应用程序细节

e. 在**Redirect URL**文本框中指定重定向URL。

f. 在**Home Page URL**文本框中指定主页URL。

g. 在**Dataset APIs**、**Report and Dashboard APIs**以及**Other APIs**选项区域勾选要访问的API复选框,如图2.2所示。

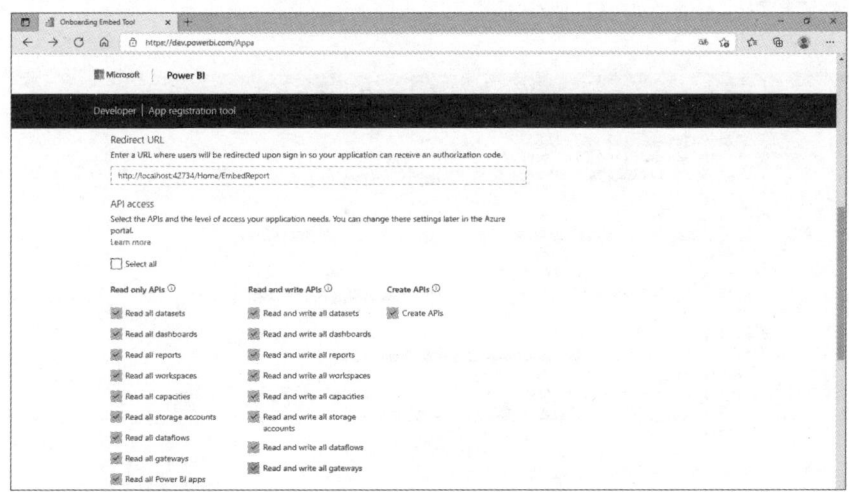

图2.2: 选择要访问的API

h. 单击**Register your app**下的**Register App**按钮,开始注册应用程序,如图2.3所示。

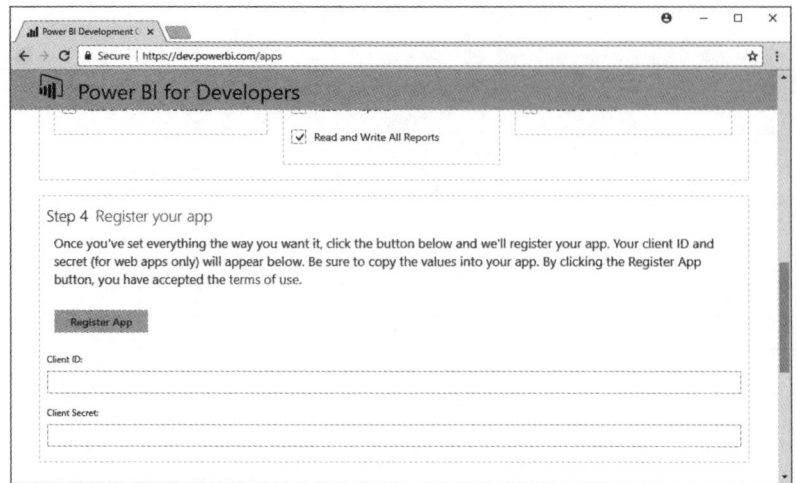

图2.3：注册应用程序

单击**Register App**按钮时，客户端ID和客户端密钥值分别在**Client ID**和**Client Secret**字段中生成。

3. 打开**Cloud.config**文件，并在**Client ID**和**Client Secret**中设置客户端ID和客户端密钥字段输入值，如图2.4所示。

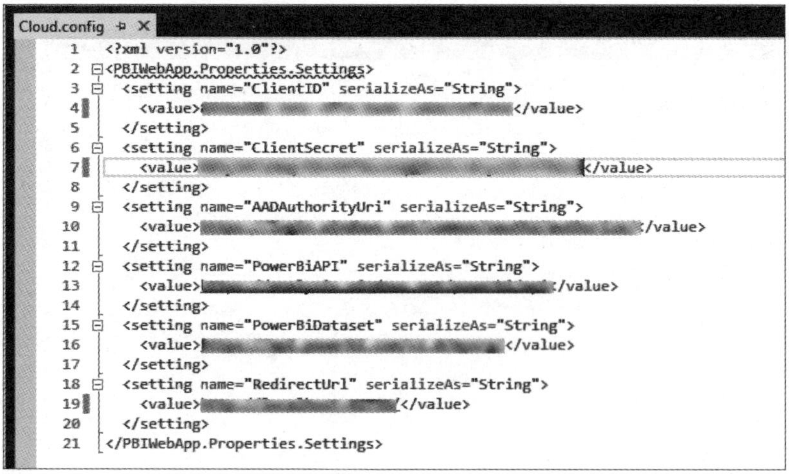

图2.4：在客户端ID和客户端密钥中设置指定值

4. 在GetReport()函数中指定要嵌入的报表索引，如图2.5所示。

```
20          string baseUri = Properties.Settings.Default.PowerBiDataset;
21
22          protected void Page_Load(object sender, EventArgs e)
23          {
24
25              if (Request.Params.Get("code") != null)
26              {
27                  //After you get an AccessToken, you can call Power BI API operations such as Get Report
28                  Session["AccessToken"] = GetAccessToken(
29                      Request.Params.GetValues("code")[0],
30                      Settings.Default.ClientID,
31                      Settings.Default.ClientSecret,
32                      Settings.Default.RedirectUrl);
33
34                  //Redirect again to get rid of code=
35                  Response.Redirect("/Default.aspx");
36              }
37              else
38              {
39                  if (Session["AccessToken"] == null)
40                  {
41                      GetAuthorizationCode();
42                  }
43              }
44              if (Session["AccessToken"] != null)
45              {
46                  //You need the Access Token in an HTML element so that the JavaScript can load a Report visual into an IFrame.
47                  //Without the Access Token, you can not access the Report visual.
48                  accessToken.Value = Session["AccessToken"].ToString();
49
50                  //Get first report.
51                  GetReport(16);
52
```

图2.5： 指定报表索引

5. 按键盘上的**F5**功能键，以运行该应用程序。

   指定的报表嵌入到Web应用程序中，如图2.6所示。

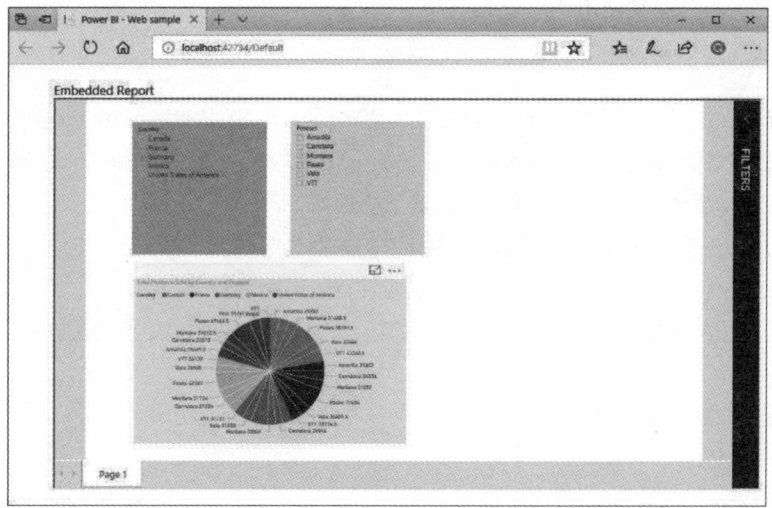

图2.6： 嵌入报表

实时流式处理

Power BI中的实时流式处理功能可帮助用户实时在Power BI仪表板中流式传输数据，这意味着数据一旦更新，固定在Power BI仪表板的视觉对象也将立即获得更新。用户可以从提供时间敏感数据的不同来源收集实时信息。要将实时数据可视化，用户需要在Power BI中设置实时流式处理数据集。

探索实时流式处理数据集

Power BI支持三种实时流式处理数据集，具体如下。

1. **推送数据集：** 此数据集将数据推送到Power BI Service，该服务在创建数据集时自动创建数据库。此数据库以队列格式存储数据，可使用户根据可用数据创建报表。用户可以将已创建报表的视觉对象固定到仪表板，数据更新时仪表板便会随之实时更新。

2. **流式处理数据集：** 与推送数据集类似，该数据集也会将数据推送到Power BI。但是，Power BI会将数据临时存储到临时缓存中，临时缓存可用于显示折线图之类的视觉对象。与流式处理数据集相关的几点注意事项如下。
   - 没有专用数据库，因此不能使用从流中流入的数据生成报表视觉对象。
   - 可以通过添加磁贴和使用"自定义流数据"数据源来显示数据。
   - 在自定义流式处理磁贴中快速显示实时数据。

3. **PubNub流式处理数据集：** 此数据集提供使用PubNub SDK的Power BI网页客户端。此SDK读取可用的PubNub数据流，并限制Power BI Service存储任何数据。与PubNub流数据集相关的注意事项如下。
   - 没有专用数据库，因此不能使用从流中流入的数据生成报表视觉对象。
   - 有些报表功能不可用，例如报表筛选和自定义视觉对象等。
   - PubNub流数据集可通过将PubNub数据流配置为源，并向仪表板添加磁贴实现可视化。
   - 仪表板上的磁贴可快速显示实时数据。

推送数据的不同方式

用户可以使用以下方法将数据推送到数据集中。
- 使用Power BI REST API。
- 使用流式处理数据集UI。
- 使用 Azure 流分析。

查看数据的实时流式处理

执行以下步骤以查看数据的实时流式处理。

1. 打开Power BI Service门户。

2. 单击左侧窗格中的**"我的工作区"**按钮。

3. 单击右侧窗格中的**"创建"**按钮,出现一个下拉列表。

4. 选择**"流数据集"**选项,如图2.7所示。

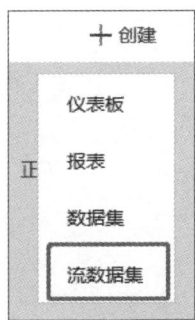

图2.7:创建流数据集

出现**"新建流数据集"**向导。

5. 在**"选择你的数据源"**选项区域中选择所需的数据源,此处选择了PUBNUB选项,如图2.8所示。

6. 单击**"下一步"**按钮。

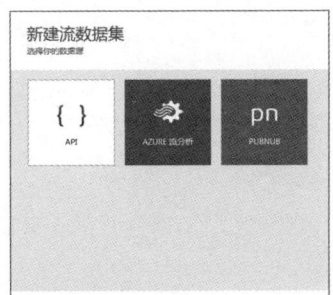

图2.8:"新建流数据集"向导

在下一页面填写所需的详细信息，例如订阅密钥和频道名称。

7. 在**"数据集名称"**文本框中输入所需的数据集名称。

8. 在**"订阅密钥"**文本框中输入相关的订阅密钥。

9. 在**"频道名称"**文本框中输入相关的频道名称。

10. 单击**"下一步"**按钮，如图2.9所示。

图2.9： 订阅细节说明

下一页面出现流所需要的值。

11. 选择值，并为**"流中的值"**选择相应的数据类型。

12. 单击**"创建"**按钮，如图2.10所示。

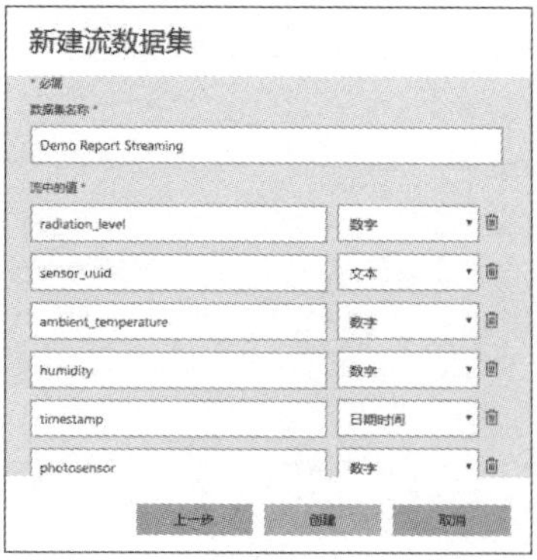

图2.10： 流中的值说明

指定的数据集已创建。用户可以在"数据集"选项卡下找到此数据集，如图2.11所示。

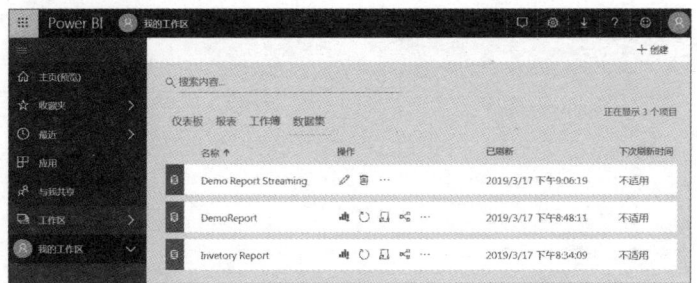

图2.11： 查看数据集

13. 单击**"创建"**按钮，会出现一个下拉列表。

14. 选择**"仪表板"**选项，创建新的仪表板，如图2.12所示。

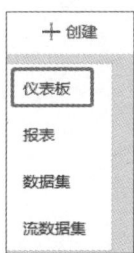

图2.12： 创建新的仪表板

出现**"创建仪表板"**对话框。

15. 在**"仪表板名称"**文本框中输入仪表板名称。

16. 单击**"创建"**按钮，如图2.13所示。

图2.13： "创建仪表板"对话框

仪表板已用指定名称创建完成。

17. 单击**"添加磁贴"**按钮,如图2.14所示。

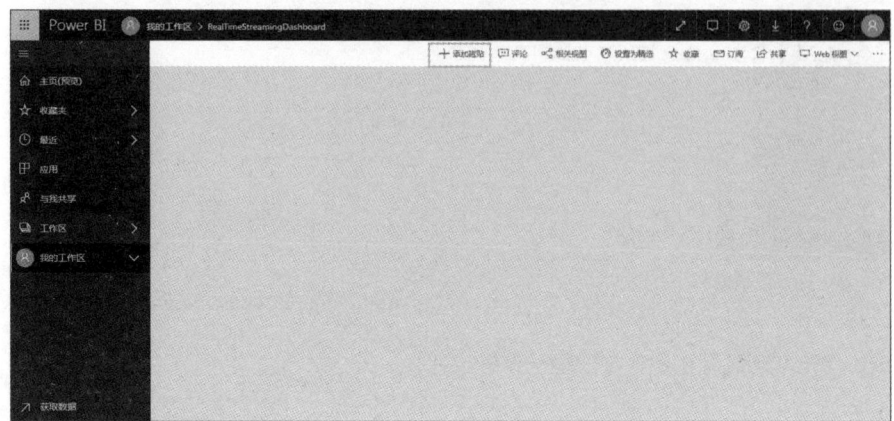

图2.14:单击"添加磁贴"按钮

出现**"添加磁贴"**对话框。

18. 在**"实时数据"**选项区域选择**"自定义流数据"**选项。

19. 单击**"下一步"**按钮,如图2.15所示。

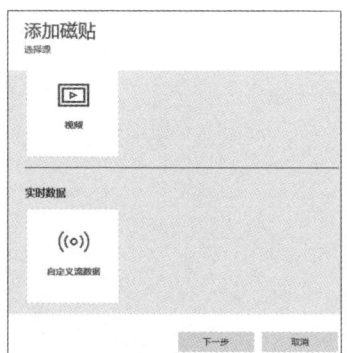

图2.15:"添加磁贴"对话框

出现**"添加自定义流数据磁贴"**对话框。

20. 选择流数据集。在此示例中选择了先前在**"你的数据集"**区域显示的数据集。

21. 单击**"下一步"**按钮，如图2.16所示。

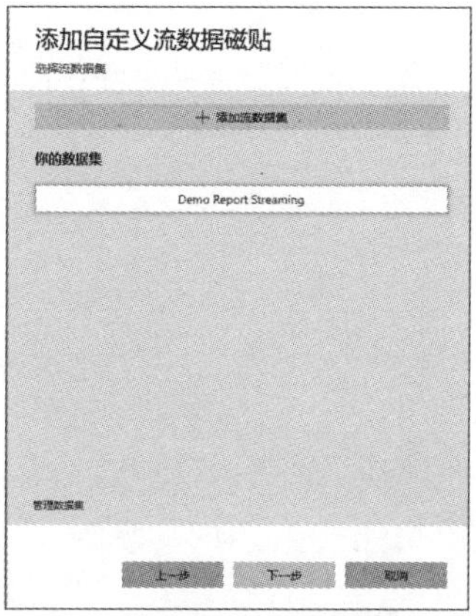

图2.16："添加自定义流数据磁贴"对话框

出现**"可视化效果设计"**页面。

22. 从**"可视化效果类型"**下拉列表中选择所需的可视化类型。此示例中选择了**"折线图"**选项，如图2.17所示。

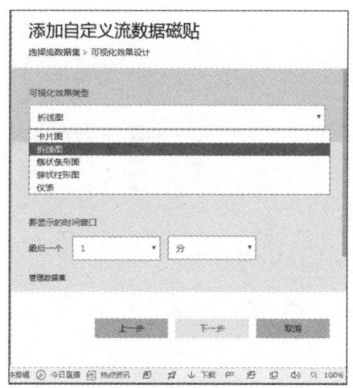

图2.17：选择可视化类型

23. 从**"轴"**下拉列表中选择所需的轴值。

24. 从**"值"**下拉列表中选择所需的值。

25. 单击**"下一步"**按钮，如图2.18所示。

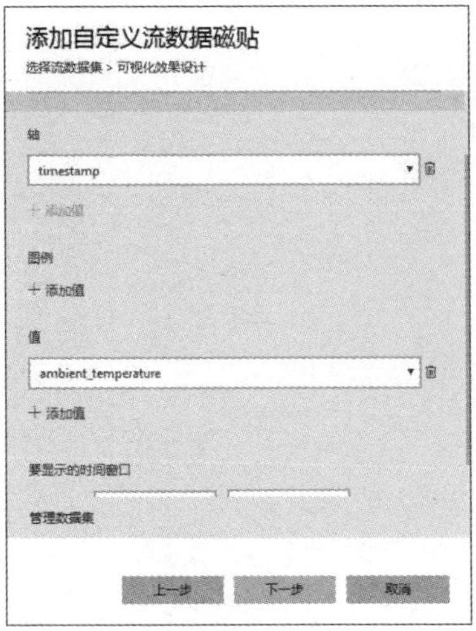

图2.18：可视化效果设计页面

出现**"磁贴详细信息"**对话框。

26. 勾选**"显示标题和副标题"**复选框以显示标题和副标题。

27. 在**"标题"**文本框中输入相关信息。

28. 单击**"应用"**按钮，如图2.19所示。

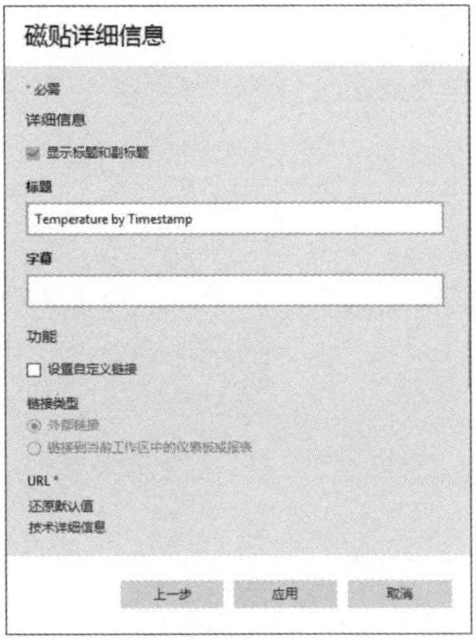

图2.19：添加详细信息

磁贴添加到仪表板中，实时数据将显示在磁贴中，如图2.20所示。

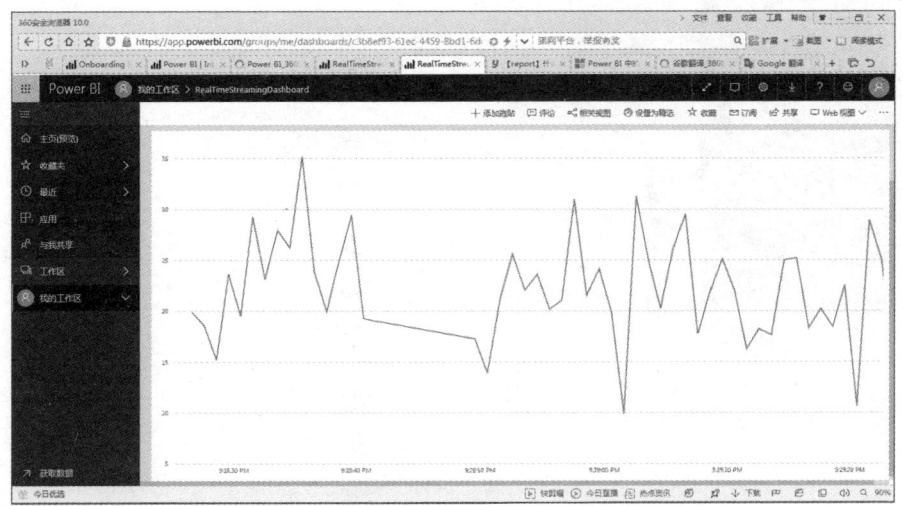

图2.20：显示实时数据流

快速见解

Power BI提供快速见解功能，该功能将复杂算法应用于数据集，并有效地定位该数据集的不同子集。

用户可以通过在数据集或仪表板磁贴上运行快速见解，来创建吸引人的可视化效果。

执行以下步骤以对数据集运行快速见解。

1. 打开 Power BI Service。

2. 从左侧窗格中选择**"我的工作区"**选项，在右侧窗格的**"仪表板"**选项卡下将显示可用仪表板列表。

3. 选择**"数据集"**选项卡，显示可用数据集列表。

4. 单击所需数据集旁边的**省略号**图标（…），如图2.21所示。

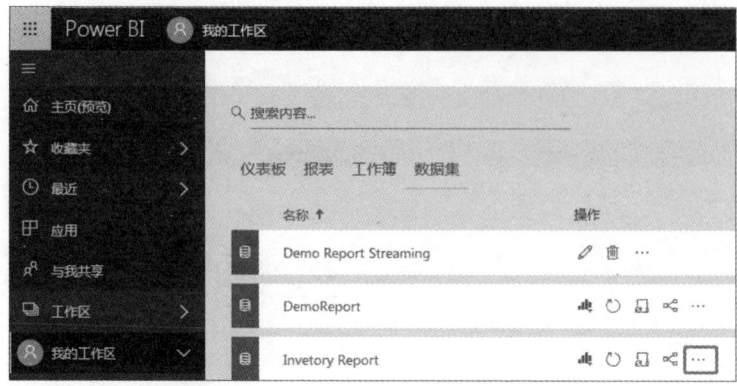

图2.21:单击省略号图标

出现一个下拉列表。

5. 在下拉列表中选择**"获得快速见解"**选项,如图2.22所示。

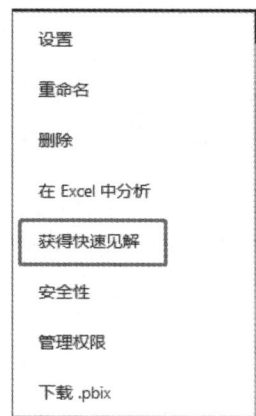

图2.22:选择"获得快速见解"选项

出现**"正在搜索见解"**提示框,显示搜索见解的进度,如图2.23所示。

图2.23:"正在搜索见解"提示框

"见解已就绪"对话框显示"你拥有DemoReport的见解"。在此示例中，DemoReport是选定的数据集。

6. 单击"查看见解"按钮，如图2.24所示。

图2.24："见解已就绪"对话框

"快速见解DemoReport"窗口显示所选数据集的所有可能见解（此示例中为DemoReport），如图2.25所示。

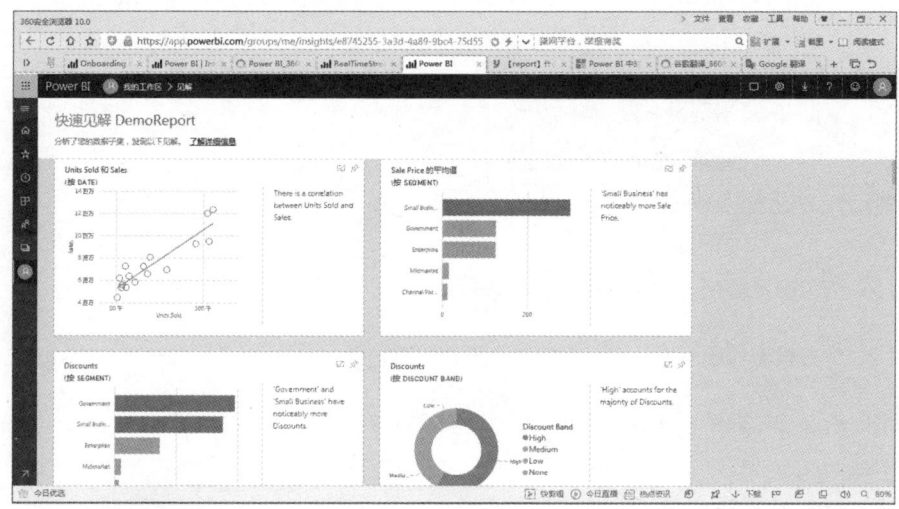

图2.25：显示快速见解

7. 单击**固定可视图标**，将选定的视觉对象固定到仪表板，出现**"固定到仪表板"**对话框。

8. 选择所需的单选按钮以指定是否要将所选对象固定到现有仪表板或新建仪表板。本示例中，选择了**"新建仪表板"**单选按钮。

9. 输入新仪表板的名称。

10. 单击"**固定**"按钮,将选定的视觉对象固定到新仪表板,如图2.26所示。

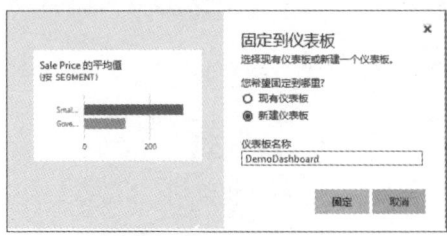

图2.26:固定视觉对象到仪表板

显示"**已固定至仪表板**"提示框,说明可视化效果已成功固定到指定的仪表板。

11. 单击"**转至仪表板**"按钮,查看固定到仪表板的可视化效果,如图2.27所示。

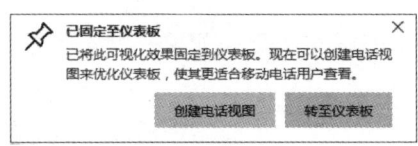

图2.27:已固定至仪表板消息框

选定的可视化已固定到指定的仪表板。

12. 单击**省略号**图标(…),出现一个下拉列表。

13. 所选视觉对象将出现在焦点模式中,如图2.28所示。

图2.28:以焦点模式打开视觉对象

14. 单击**"获取见解"**图标💡，查看与所选视觉对象相关的见解。**"见解"**区域会显示相关见解列表，如图2.29所示。

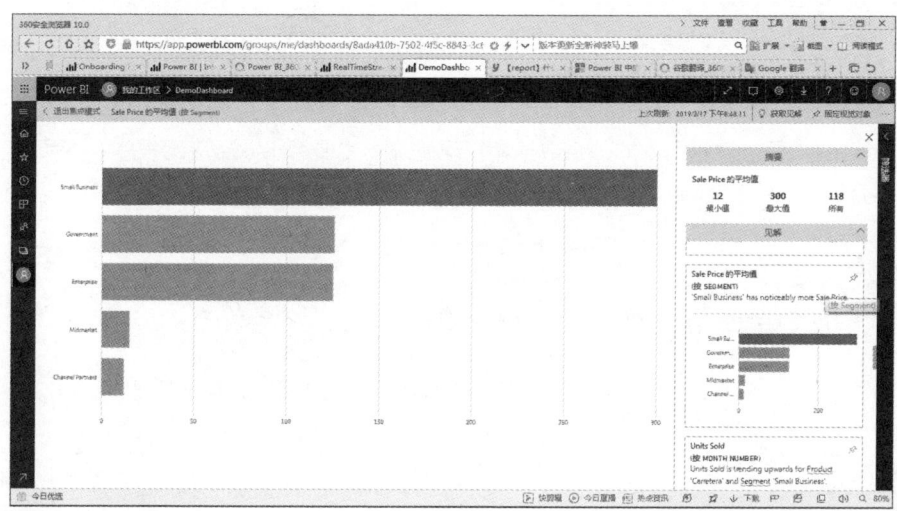

图2.29： 查看相关见解

总结

本章介绍了将Power BI报表嵌入Azure Web应用程序以获取有关业务的实时见解的详细信息，其中包括实时流式处理数据的步骤。用户学习到如何为Power BI注册Web应用程序，并在代码中进行必要的修改以将Power BI报表嵌入到Web应用程序中。本章讨论了不同类型的实时流式处理数据集，包括推送数据集、流式处理数据集和PubNub流数据集。用户还将逐步熟悉如何查看实时流式处理数据集，并了解了如何使用Power BI的快速见解功能，该功能可将复杂算法应用于数据集并快速定位数据集的不同子集。

第 3 章
微软堆栈上的 Power BI

如上一章所述，Power BI可与数百个数据源连接，其中最知名的SQL Server，是由微软引入的关系数据库管理系统，主要用于业务应用程序。本章详细介绍了Power BI如何与SQL Server连接，并创建交互式报表。

从SQL Server导入数据到Power BI

将SQL Server数据导入Power BI Desktop有两种方法，具体如下。

- 使用导入选项。
- 使用DirectQuery选项。

使用导入选项

在Power BI Desktop中，导入选项可导入选定的表和列，导入的数据可用来创建视觉对象。

导入选项包含以下过程。

- 使用获取数据选项时，每个选定的表都定义一个查询，该查询返回一组可以编辑并加载到Power BI中的数据。
- 加载查询后，与查询相关的数据将导入Power BI缓存。
- 在Power BI Desktop中创建的视觉对象会查询到导入的数据。Power BI负责确保查询快速有效，并且即时反映对视觉对象的更改。
- 只有刷新或重新导入数据后，数据更新才会反映在视觉对象中。
- 发布到Power BI Service的报表会在Power BI Service中创建一个数据集。此数据集包含导入的数据。用户可以设置计划数据刷新，例如每天重新导入数据。用户可能还需要根据SQL Server的位置来设置/配置本地数据网关。
- 为确保连接，当用户打开现有报表或创建新报表时，将自动查询导入Power BI的数据。
- 用户可以将视觉对象固定为仪表板上的磁贴。刷新数据集时，磁贴会自动刷新。

执行以下步骤，使用导入选项将SQL Server的数据库表导入到Power BI Desktop。

1. 启动Power BI Desktop。

2. 在**"开始"**选项卡下单击**"外部数据"**选项组的**"获取数据"**按钮，便出现数据源列表。

3. 从列表中选择**SQL Server**选项，如图3.1所示。

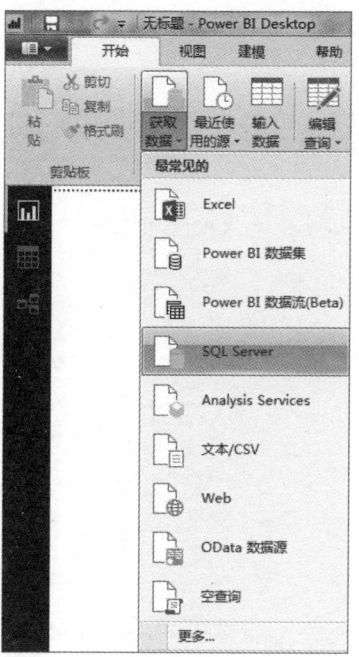

图3.1： 选择SQL Server选项

出现**"SQL Server数据库"**对话框。

4. 在**"服务器"**文本框中输入服务器名称。

5. 在**"数据库（可选）"**文本框中输入数据库的名称。

6. 在**"数据连接模式"**选项区域选择**"导入"**单选按钮。

7. 单击**"确定"**按钮，如图3.2所示。

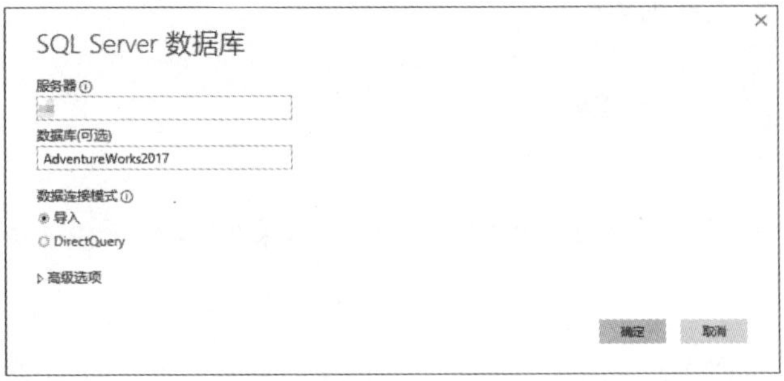

![SQL Server 数据库对话框]

图3.2：SQL Server数据库对话框

出现**"导航器"**对话框。

8. 在**"导航器"**对话框左侧的**"显示选项"**列表中，勾选显示的表名复选框，选择的表将显示在右侧的面板中。

9. 单击**"加载"**按钮，将表加载到Power BI Desktop中，如图3.3所示。

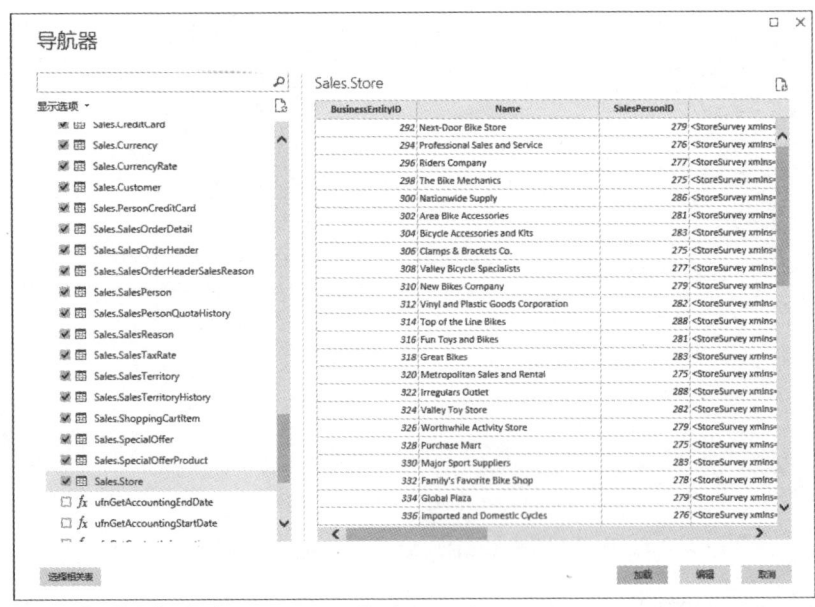

图3.3："导航器"对话框

出现**"加载"**提示框，并显示要导入到Power BI Desktop的每个表的进度，如图3.4所示。

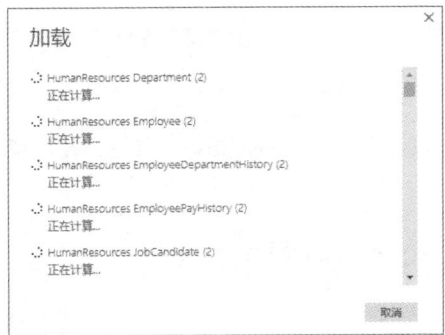

图3.4:"加载"提示框

加载完成后,导入的表将显示在**"字段"**窗格中,如图3.5所示。

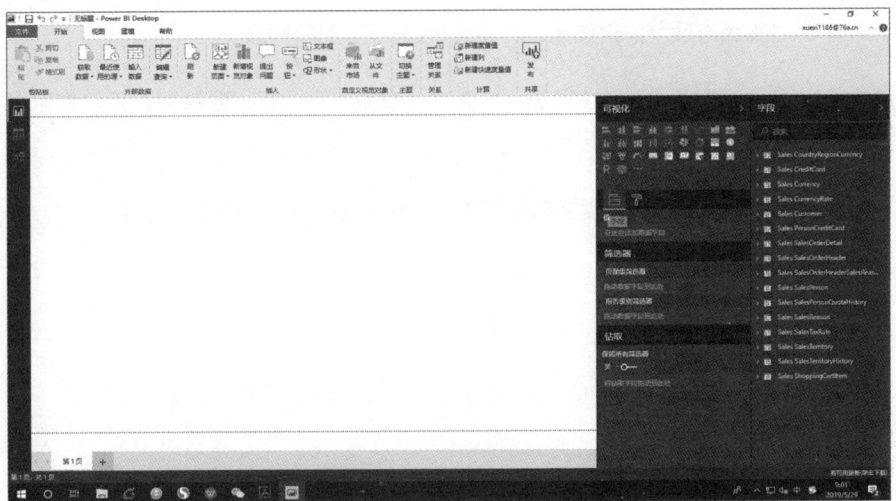

图3.5: 导入的表格

使用DirectQuery选项

DirectQuery选项不会将数据导入或复制到Power BI Desktop中,但是字段窗格会显示选定的表和列。使用DirectQuery选项时,每次创建视觉对象或报表时,Power BI Desktop都会查询连接的数据源。这意味着用户每次都会获得更新后的视觉对象。单击"开始"选项卡下的"刷新"按钮,可利用更新的数据刷新视觉对象。

执行以下步骤使用DirectQuery选项。

1. 启动Power BI Desktop。

2. 在**"开始"**选项卡下的**"外部数据"**选项组中单击**"获取数据"**按钮，便出现数据源列表。

3. 从列表中选择**SQL Server**选项，出现**"SQL Server数据库"**对话框。

4. 在**"服务器"**文本框中输入服务器名称。

5. 在**"数据库（可选）"**文本框中输入数据库的名称。

6. 在**"数据连接模式"**选项区域选择**DirectQuery**单选按钮。

7. 单击**"高级选项"**折叠按钮，查看高级选项的相关参数。

8. 在**"命令超时（分钟）（可选）"**文本框中输入命令超时分钟数。用户也可以不设置此参数，因为它是可选的。

9. 在**"SQL语句（可选，需要数据库）"**文本区域中输入所需的SQL语句。

10. 勾选**"包含关系列"**复选框。

11. 单击**"确定"**按钮，如图3.6所示。

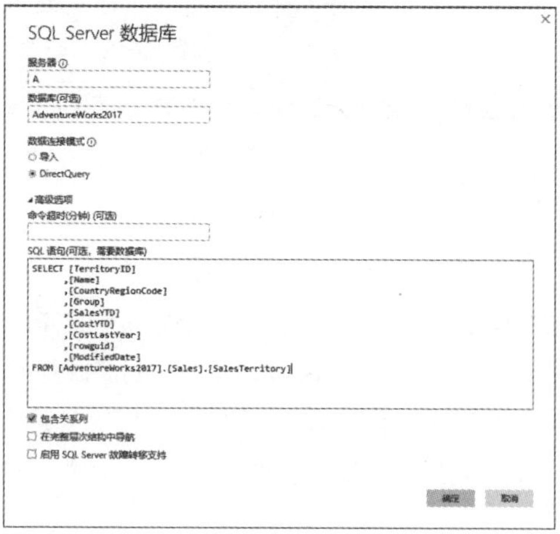

图3.6："SQL Server 数据库"对话框

在出现的对话框中显示了数据库的名称，后跟服务器名称，还显示了对数据库进行查询的表视图。

12. 单击**"加载"**按钮加载查询，如图3.7所示。

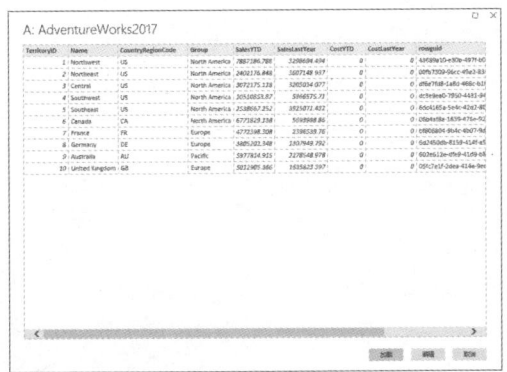

图3.7：加载查询

出现**"创建连接"**消息框，显示在Power BI和查询的SQL Server语句之间创建连接的进度，如图3.8所示。

图3.8："创建连接"消息框

成功建立连接后，将在字段窗格中添加具有指定字段的查询，如图3.9所示。

图3.9：显示查询字段

使用DirectQuery选项的优势

使用DirectQuery选项的优势,有以下几点。
- 可使用户在超大型数据集上创建视觉对象。
- DirectQuery创建的报表始终包含最新数据。
- 支持大型数据集,意味着1 GB 的数据集限制不适用于 DirectQuery。
- 支持多种数据建模和数据转换。

使用DirectQuery选项的限制

使用DirectQuery选项也有部分限制,具体如下。
- 为Power BI选择的表必须来自单个数据库。
- 如果查询编辑器查询过于复杂,将会出错。用户可以使用导入选项代替DirectQuery选项纠正此错误。
- 关系筛选操作无法在两个方向上进行。
- 不提供时间智能功能,例如,不支持日期列(年、季度、月、日等内容)的处理方式。
- 会限制允许在度量值中使用的 DAX 表达式。
- 返回数据有100万行的限制,但不影响用于创建使用 DirectQuery 返回的数据集的计算。

使用DirectQuery选项的注意事项

使用DirectQuery选项连接到Power BI中的SQL Server数据库表时,应考虑以下三个参数。

1. 性能和负载。
2. 支持的功能。
3. 安全性。

性能和负载

DirectQuery请求会发送到源数据库,因此,DirectQuery选项的性能取决于后端源响应查询结果所需的时间。响应时间也会影响视觉对象刷新率，这意味着视觉对象会根据响应时间进行刷新。将报表发布到 Power BI Service后，超过几分钟时间的任何查询都将会超时，且用户会收到错误提示。

使用发布报表功能的Power BI用户数量称为"数据库上的负载"，这很大程度上受使用行级安全性（RLS）的影响。当我们在仪表板磁贴上使用RLS并刷新磁贴时，在数据库中生成每个用户一个查询，从而增加数据库的负载，影响性能。

支持的功能

DirectQuery选项不支持Power BI Desktop中的所有功能，或对某些功能有限制。当我们使用DirectQuery选项时，Power BI Service的某些功能也不可用。例如，使用DirectQuery选项创建的数据集不支持快速见解功能。因此，用户应该考虑这些功能的局限性，再决定是否使用DirectQuery选项。

安全性

报表发布到Power BI Service后，所有用户都需要输入凭据连接到后端数据源并使用该报表。这与通过导入选项导入数据的情况相同。所有用户会看到相同的数据，而不考虑后端源中定义的任何安全规则。DirectQuery选项用于为客户实现单个用户安全性设置。

数据建模

数据建模是指数据建模到Power BI的方式。用户不需要将数据放入一个表中，相反，可以从不同的数据源导入不同的表，并且可以在这些表之间定义关系，轻松地对数据建模。用户可以创建计算列并应用配置以查看Power BI中的数据段，也可以将这些配置应用于在Power BI中创建的视觉对象。我们将在本节介绍以下内容。

- 创建表之间的关系。
    - 设定关系的基数。
    - 了解交叉筛选。

- 使用数据分析表达式。
- 使用计算列。
- 使用计算表。

创建表之间的关系

如前文所述，用户可以将不同数据源中的不同表导入Power BI，这些表可能包含大量数据，用户可能还需要使用这些表中的数据进行分析。在这种情况下，很难确定这些表之间的关联性。因此，用户需要在表之间建立关系，以便可以正确计算结果并在报表中得到正确的信息。

在Power BI Desktop中，用户可以轻松地在表之间创建关系，也可以使用自动检测功能自动创建表之间的关系，还可以手动创建。

> 提示
>
> 用户可能根据需要对自动创建的关系进行相应的编辑。

"**关系**"视图显示了表之间的关系，如图3.10所示。

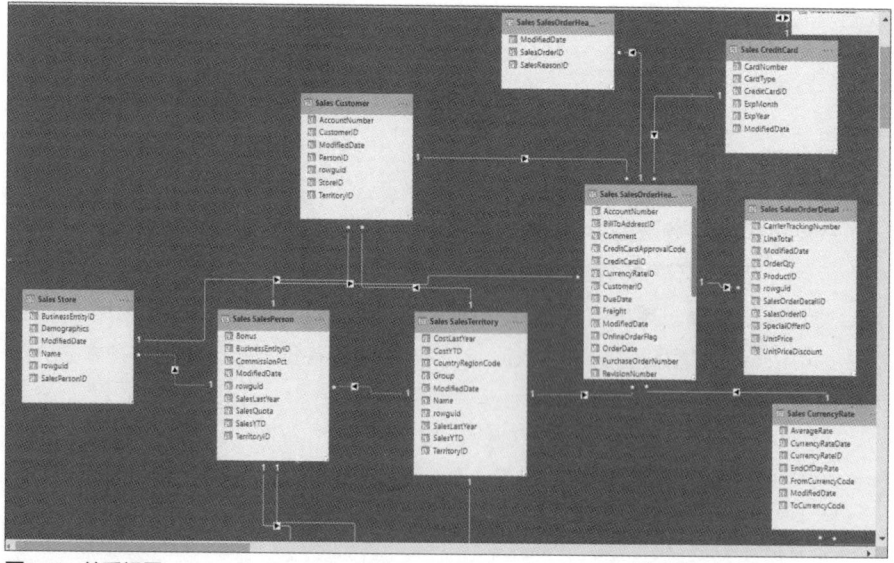

图3.10：关系视图

使用自动检测功能

执行以下步骤，可以使用自动检测功能创建关系。

1. 在**"开始"**选项卡下的**"关系"**选项组中单击**"管理关系"**按钮，如图3.11所示。

图3.11：单击"管理关系"按钮

出现**"管理关系"**对话框。

2. 单击**"自动检测"**按钮自动检测关系，如图3.12所示。

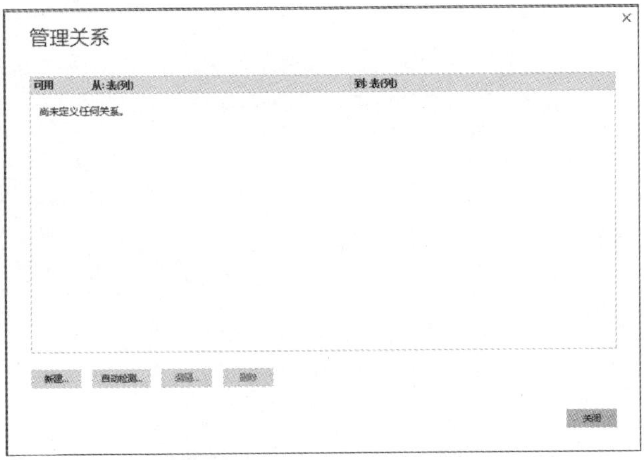

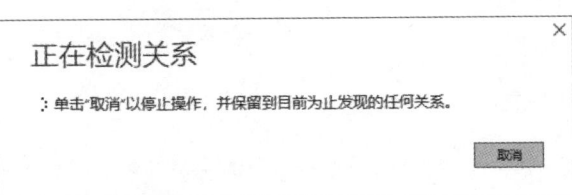

图3.12：单击"自动检测"按钮

出现**"正在检测关系"**消息框，显示检测关系的进度，如图3.13所示。

图3.13："正在检测关系"消息框

一旦检测完成，会出现自动检测消息框。

3. 单击**"关闭"**按钮，关闭自动检测消息框，如图3.14所示。

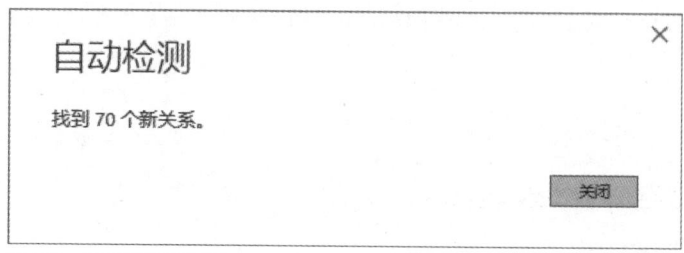

图3.14：自动检测消息框

出现**"管理关系"**对话框，显示不同表之间的关系，如图3.15所示。

可用	从: 表(列)	到: 表(列)
✓	Sales CountryRegionCurrency (CurrencyCode)	Sales Currency (CurrencyCode)
✓	Sales CurrencyRate (FromCurrencyCode)	Sales Currency (CurrencyCode)
☐	Sales CurrencyRate (ToCurrencyCode)	Sales Currency (CurrencyCode)
✓	Sales Customer (StoreID)	Sales Store (BusinessEntityID)
✓	Sales Customer (TerritoryID)	Sales SalesTerritory (TerritoryID)
✓	Sales PersonCreditCard (CreditCardID)	Sales CreditCard (CreditCardID)
✓	Sales SalesOrderDetail (SalesOrderID)	Sales SalesOrderHeader (SalesOrderID)
✓	Sales SalesOrderHeader (CreditCardID)	Sales CreditCard (CreditCardID)
✓	Sales SalesOrderHeader (CurrencyRateID)	Sales CurrencyRate (CurrencyRateID)
✓	Sales SalesOrderHeader (CustomerID)	Sales Customer (CustomerID)
✓	Sales SalesOrderHeader (SalesPersonID)	Sales SalesPerson (BusinessEntityID)
☐	Sales SalesOrderHeader (TerritoryID)	Sales SalesTerritory (TerritoryID)

图3.15："管理关系"对话框

4. 单击**"关闭"**按钮，关闭"管理关系"对话框。

在**"关系"**视图中可以看到各表之间的关系，如图3.16所示。

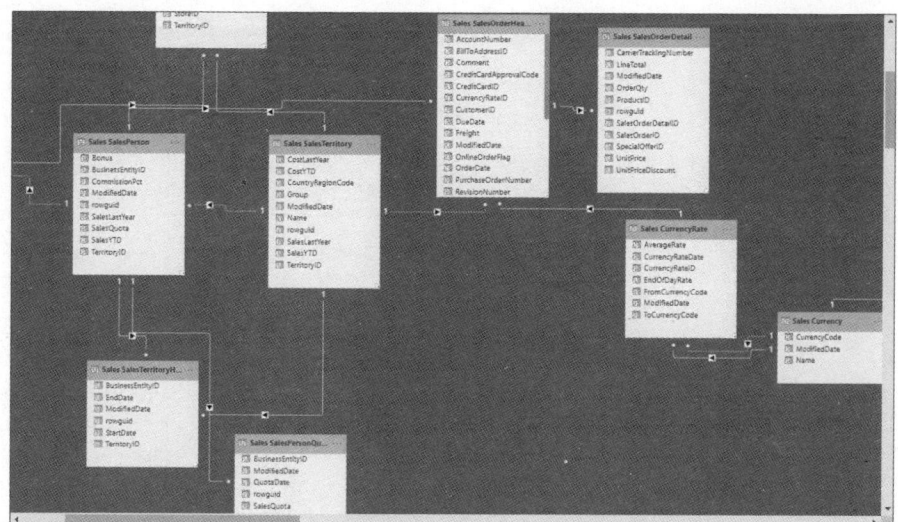

图3.16：在关系视图查看各表之间的关系

手动创建关系

执行以下步骤，手动创建关系。

1. 在**"开始"** 选项卡下的**"关系"** 选项组中单击**"管理关系"** 按钮，将出现**"管理关系"** 对话框。

2. 单击**"新建"** 按钮，手动创建关系。

   出现**"创建关系"** 对话框。

3. 从第一个下拉列表中选择所需的表，出现与所选表关联列的列表。

4. 选择要与另一列关联的列。

5. 从第二个下拉列表中选择另一个表，出现与所选表关联列的列表。

6. 选择要与第一个表中所选列进行关联的列。

7. 所有其他字段保持不变。

8. 单击**"确定"** 按钮，如图3.17所示。

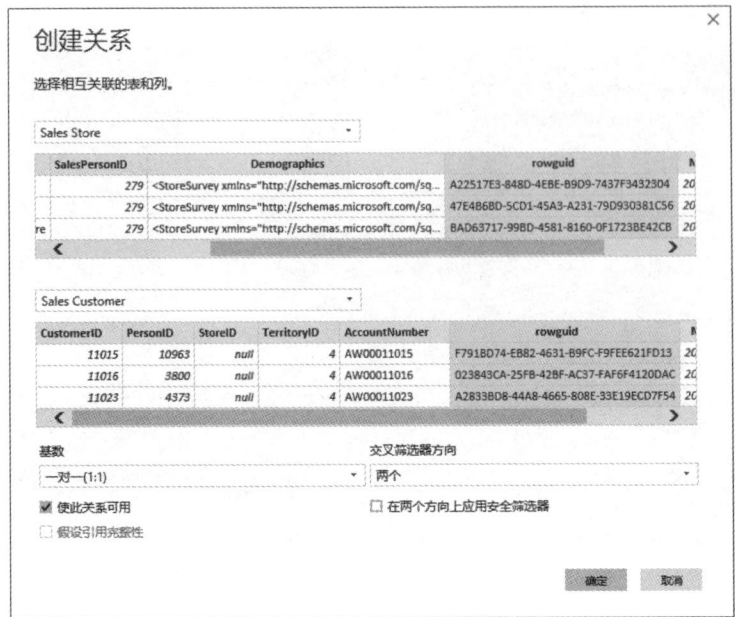

图3.17:"创建关系"对话框

出现**"管理关系"**对话框并显示新关系。

9. 单击**"关闭"**按钮,关闭**"管理关系"**对话框,如图3.18所示。

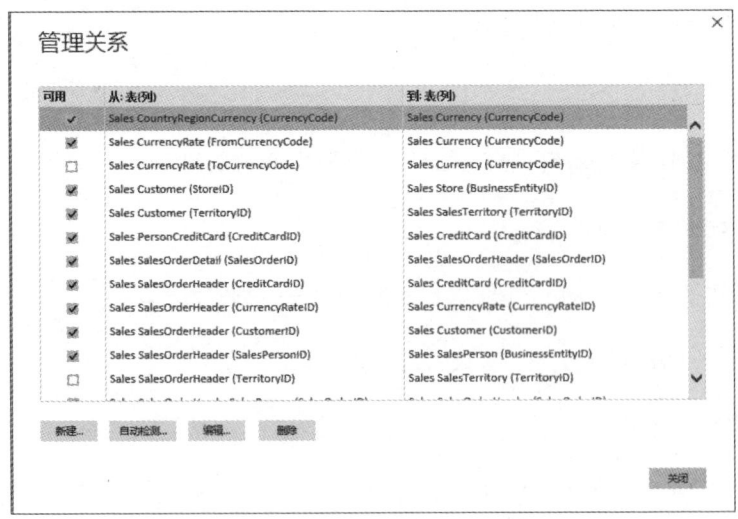

图3.18:"管理关系"对话框

10. 打开**关系**视图，分析所选表之间的关系，如图3.19所示。

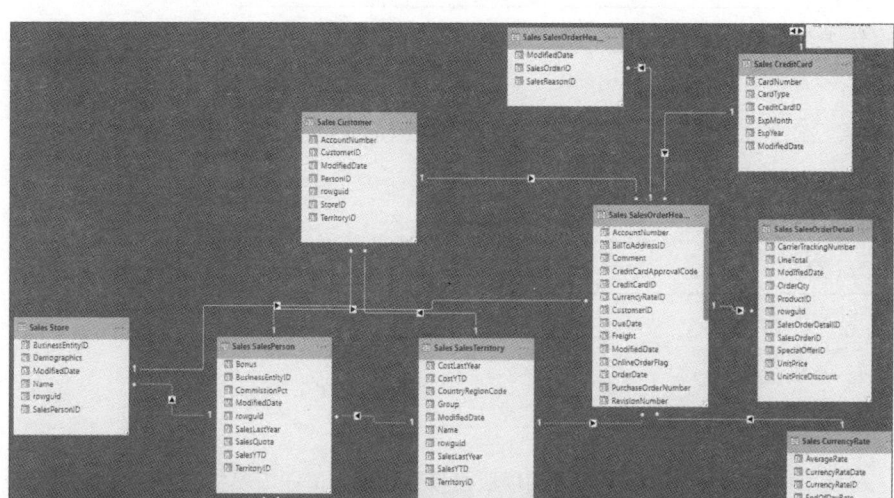

图3.19：关系视图

了解基数

基数可视为关系程度，是指第二个表的出现次数链接到第一个表的出现次数的情况。Power BI支持以下三种基数。

- **多对一：** 这是Power BI设置的默认基数类型，显示第一个表中的多个实例与另一个表（称为查找表）中的单个实例相关联。
- **一对一：** 表示第一个表中的一个值的单个实例链接到另一个表（称为查找表）中特定值的一个实例。
- **一对多：** 表示第一个表中的一个值的单个实例链接到另一个表中的多个实例的情况。

通常，关系的基数由Power BI Desktop自动设置。但是，用户可能需要在更新数据时进行手动更改，或使用基数下拉列表设置关系的基数。让我们用一个例子来演示基数的概念。

这里有两个表，分别是项目细节和项目优先级。表里包含以下数据。

项目细节

项目名称	开始日期	结束日期
Project A	5/15/2017	10/20/2017
Project B	10/10/2017	12/12/2017

项目优先级

项目名称	优先级
Project A	1
Project B	2
Project C	3
Project D	3

我们可以根据项目细节表中的项目名称列和项目优先级表中的项目名称列，在两个表之间建立关系。这些表之间的基数可以设置为一对一，因为当我们组合这些表时，不会在项目名称列中看到任何重复值。但是，随着时间推移可能会产生数据更新，会向表中添加更多字段。现在，假设更新后的项目细节表包含以下数据。

项目名称	开始日期	结束日期
Project A	5/15/2017	10/20/2017
Project B	10/10/2017	12/12/2017
Project A	10/21/2017	12/20/2017

当我们合并这两个表后，会得到下表。

项目名称	优先级	开始日期	结束日期
Project A	1	5/15/2017	10/20/2017
Project B	2	10/10/2017	12/12/2017
Project C	3		
Project D	3		
Project A	1	10/21/2017	12/20/2017

从上表可以确定项目名称列有重复值，一对一基数将不起作用。在这种情况下，我们需要设置成多对一基数。

交叉筛选

交叉筛选方向指应用于相关表的筛选器的方向。Power BI为交叉筛选方向提供以下两个选项。

1. **单向：** 当此选项应用于关系时，筛选器会应用于正在对值进行分组的表。请注意，将Power Pivot导入Excel时，关系将具有单个方向。

2. **双向：** 是相关表的默认方向，意味着为进行筛选，两个相关表被视为同一个表。这种交叉筛选尤其适用于周围有多个查找表的表。这通常被称为星型架构配置。

使用数据分析表达式

数据分析表达式（DAX）是一个表达式（一组函数、常量和运算符），用于对模型中可用的数据应用计算。这些新创建的数据可用于创建视觉对象。

DAX公式可使用户从可用数据中获取所需信息，有助于解决实际业务问题。这意味着用户可以根据需要从不同的表中提取数据，并对数据应用计算来查看所需的结果。例如，当数据库中包含销量和产品说明时，查询产品的销量可能是一件容易的事。但是，如果还需要计算某地区特定时间段内已售产品的总销量时，使用DAX就可以轻松完成任务。

DAX的基本概念如下。

1. 语法。

2. 函数。

3. 上下文。

语法

语法是指公式的编写方式。公式由几个元素组成，称为语法元素。图3.20显示了DAX公式。

```
1 Total Sales=SUM('Sales SalesOrderDetail'[LineTotal])
```

图3.20: DAX 公式

对上述公式中的语法元素描述如下。

1. Total Sales是度量值名称。

2. 等号运算符 (=) 表示公式已开始运算。

3. SUM是一个DAX函数，返回指定列中所有可用数字的总和。

4. 括号"( )"包含具有一个或多个参数的表达式。函数应该至少有一个参数。

5. Sale SalesOrderDetail是引用表的名称。

6. [LineTotal]是Sale SalesOrderDetail表中列的名称。

> 提示
>
> 理解DAX公式最简单的方法是将语法元素分解为自然语言。例如，图3.20中的公式可以理解为：对于名为Total Sales的度量值，计算Sale SalesOrderDetail表中的[LineTotal]列中的值的总和。

函数

函数是通过对特定值（称为参数）执行计算，按特定顺序返回值的预定义公式。参数可以是公式、函数、数字或文本。Power BI支持各种函数。表3.1列出了一些常用的函数及其语法和描述。

表3.1：常用的函数

函数名称	语法	描述
CALENDAR	CALENDAR(<start_date>,<end_date>)	返回指定范围内单个列中的连续日期集
DATE	DATE(<year>, <month>,<day>)	返回指定日期
DATEDIFF	DATEDIFF(<start_date>,<end_date>,<interval>)	返回指定日期之间的间隔数

续表

函数名称	语法	描述
DATEVALUE	DATEVALUE(date_text)	根据计算机的本地设置返回日期时间值
DAY	DAY(date)	以整数格式返回月中的某天
NOW	NOW()	返回当前日期和时间
TODAY	TODAY()	返回时间设置为12:00:00 PM的当前日期
CALCULATE	CALCULATE(<expression>,<filter1>,<filter2>…)	返回基于指定筛选器的表达式
AND	AND(<logical1>,<logical2>)	仅当两个参数都为TRUE时返回TRUE,否则返回FALSE
IF	IF(<logical_test>,<value_if_true>,value_if_false)	当指定的表达式为TRUE时返回第一个值,否则返回第二个值
OR	OR(<logical1>,<logical2>)	当其中一个参数为TRUE时返回TRUE,当两个参数都为FALSE时返回FALSE
SUM	SUM(<column>)	返回列中指定的所有值的总和
TRUNC	TRUNC(<number>,<num_digits>)	通过删除数字的小数或分数部分,以整数形式返回截断的数字

提示

可用函数的完整列表,详见以下链接。
https://msdn.microsoft.com/en-us/library/ee634396.aspx

上下文

在讨论DAX公式时,建议先理解上下文,DAX支持以下两种类型的上下文。

1. **行上下文:** 当函数在公式中可用时,此类型的上下文适用,并且此函数可以通过筛选器识别表中的单一行。此函数为表的每个筛选行继承并应用行上下文。这种类型的上下文通常适用于度量值中。

2. **筛选器上下文:** 可理解为决定结果或值的计算中所应用的一个或多个筛选器。不会覆盖行上下文,但会与行上下文一起使用。大多数报表使用筛选器上下文。例如,当用户将视觉对象应用于名为TotalSales的字段,并向其添加

"年"和"区域"等筛选器时,表示正在应用筛选器上下文,会根据指定的年份和区域提供数据子集。

使用计算列

用户可以将自定义列添加到模型中可用的表中。添加完列之后,可以通过从数据源加载值或创建DAX公式来向这些列添加数据。用户可以通过单击"新建列"按钮来创建计算列。

用户在Power BI中创建的计算列显示在"字段"窗格中,类似于相应表下已有的其他列。用户还可以为计算列分配所需的名称,并使用此字段创建其他字段的视觉对象。

执行以下步骤,创建计算列。

1. 在**"建模"**选项卡下单击**"计算"**选项组中的**"新建列"**按钮。新的列将被添加到**"字段"**窗格中的选定表中,公式栏将显示在报表画布上方,如图3.21所示。

```
X  ✓  1 列 ▾
```
图3.21: 显示公式栏

提示

在公式栏中可以重命名列并指定DAX公式的区域。

2. 在公式栏中输入所需的DAX公式。本示例中,我们将两列的值连接成一列,如图3.22所示。

```
X  ✓  1  Name = CONCATENATE('Sales_By_Region'[FirstName],'Sales_By_Region'[LastName])
```
图3.22: 使用DAX公式

从上图中可以考虑以下因素。

a. Name 是计算列的名称。

b. CONCATENATE是连接两个字符串的函数的名称。

c. Sales_By_Region [FirstName]表示Sales_By_Region表中的FirstName列。

d. Sales_By_Region [LastName]表示Sales_By_Region表中的LastName列。

3. 单击**确定**（ ✓ ）图标接受更改。

单击**确定**（ ✓ ）图标后，将在指定的表中创建计算列。从"可视化"窗格中选择所需的视觉对象，并选择要在字段窗格中显示的视觉对象，可以查看计算列的视觉对象，如图3.23所示。

FirstName	LastName	Name
Aaron	Adams	AaronAdams
Aaron	Alexander	AaronAlexander
Aaron	Baker	AaronBaker
Aaron	Bryant	AaronBryant
Aaron	Butler	AaronButler
Aaron	Campbell	AaronCampbell
Aaron	Carter	AaronCarter
Aaron	Chen	AaronChen
Aaron	Coleman	AaronColeman
Aaron	Collins	AaronCollins
Aaron	Edwards	AaronEdwards
Aaron	Evans	AaronEvans
Aaron	Flores	AaronFlores
Aaron	Gonzales	AaronGonzales
Aaron	Gonzalez	AaronGonzalez
Aaron	Green	AaronGreen
Aaron	Griffin	AaronGriffin
Aaron	Hall	AaronHall
Aaron	Hayes	AaronHayes
Aaron	Henderson	AaronHenderson
Aaron	Hernandez	AaronHernandez
Aaron	Hughes	AaronHughes
Aaron	Jai	AaronJai
Aaron	Jenkins	AaronJenkins
Aaron	Kumar	AaronKumar
Aaron	Lai	AaronLai
Aaron	Li	AaronLi

图3.23：为计算列创建视觉对象

使用计算表

创建计算表的概念和创建计算列类似。只需在"建模"选项卡的"计算"选项组中单击"新建表"按钮，即可在Power BI Desktop中创建计算表。用户可以手动或使用DAX公式将数据添加到计算表的列中，也可以根据需要为计算表命名。

借助示例可以更好地理解计算表的概念。在我们的示例中，一家公司在西北地区和西南地区设有两个办事处。每个办事处都有一份员工名单。公司董事长希望查看在两个办事处工作的所有员工的名单。随着员工数量的增长，手动完成这项工作可能非常棘手。在Power BI中，就可以使用计算表，连接两个表并列出单个表中的所有员工。

执行以下步骤创建计算表。

1. 在"**建模**"选项卡下单击"**计算**"选项组"**新建表**"按钮，将出现一个公式栏，如图3.24所示。

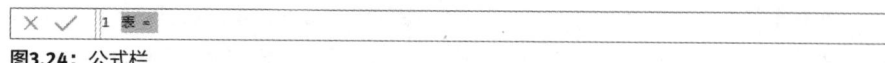

图3.24：公式栏

2. 输入DAX公式以连接公式栏中的两个表，如图3.25所示。

图3.25：输入DAX公式

根据上图中提到的DAX公式，要考虑以下几点内容。

a. New Table是计算表的名称。

b. =是运算符号。

c. UNION是连接Sales CountryRegion Currency和Sales Currency两个表的函数名称。

3. 单击**确定**（✓）图标保存DAX公式。此时名为New Table的表已创建，并像其他表一样显示在"字段"窗格中，如图3.26所示。

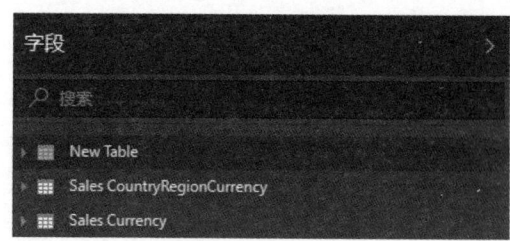

图3.26："字段"窗格

用户可以在数据视图中查看该表内容，如图3.27所示。

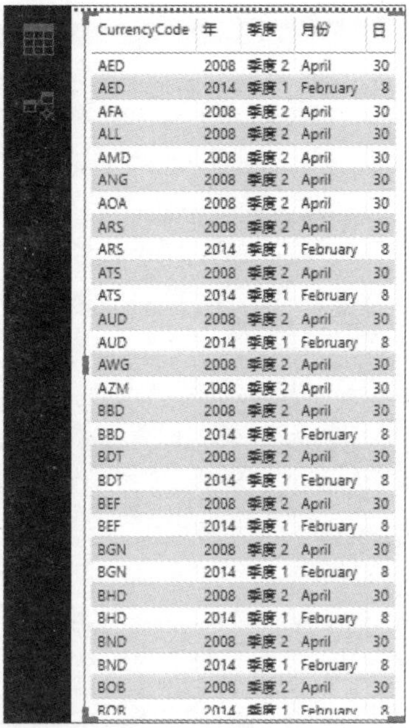

CurrencyCode	年	季度	月份	日
AED	2008	季度 2	April	30
AED	2014	季度 1	February	8
AFA	2008	季度 2	April	30
ALL	2008	季度 2	April	30
AMD	2008	季度 2	April	30
ANG	2008	季度 2	April	30
AOA	2008	季度 2	April	30
ARS	2008	季度 2	April	30
ARS	2014	季度 1	February	8
ATS	2008	季度 2	April	30
ATS	2014	季度 1	February	8
AUD	2008	季度 2	April	30
AUD	2014	季度 1	February	8
AWG	2008	季度 2	April	30
AZM	2008	季度 2	April	30
BBD	2008	季度 2	April	30
BBD	2014	季度 1	February	8
BDT	2008	季度 2	April	30
BDT	2014	季度 1	February	8
BEF	2008	季度 2	April	30
BEF	2014	季度 1	February	8
BGN	2008	季度 2	April	30
BGN	2014	季度 1	February	8
BHD	2008	季度 2	April	30
BHD	2014	季度 1	February	8
BND	2008	季度 2	April	30
BND	2014	季度 1	February	8
BOB	2008	季度 2	April	30
BOB	2014	季度 1	February	8

图3.27：查看表的内容

创建报表

完成从SQL Server提取数据并应用数据建模实践的过程后，用户可以在Power BI Desktop中创建包含视觉对象的报表。如前文所述，可以使用以下两个选项将数据从SQL Server加载到Power BI Desktop。

1. 使用DirectQuery选项。

2. 使用导入选项。

在本节中，我们将学习使用这两个选项创建独立报表。

使用DirectQuery选项创建报表

使用DirectQuery选项将数据加载到Power BI Desktop，并根据该数据创建报表的步骤如下。

1. 启动Power BI桌面程序。

2. 切换到"**主页**"选项卡,在"**外部数据**"选项组中单击"**获取数据**"按钮,将出现数据源列表。

3. 从列表中选择**SQL Server**选项,将出现"**SQL Server数据库**"对话框。

4. 在"**服务器**"文本框中输入服务器的名称。

5. 在"**数据库**"文本框中输入数据库的名称。

6. 在"**数据连接模式**"选项区域选择**DirectQuery**单选按钮。

7. 单击"**高级选项**"扩展按钮,以查看相关的高级选项。

8. 在"**命令超时(分钟)(可选)**"文本框中输入命令超时时间,用户也可以将此字段留空,因为它是可选的。

9. 在"**SQL语句(可选,需要数据库)**"文本区域输入所需的SQL语句。本示例中,我们输入了以下SQL语句。

```
SELECT soh.SalesOrderID, soh.TotalDue,soh.SubTotal, soh.OrderDate, c.CustomerID,
p.FirstName, p.LastName, RTRIM(sp.StateProvinceCode) as StateProvinceCode,
ad.City, sp.Name as State, ctr.Name as Country, ad.PostalCode FROM Sales.
SalesOrderHeader AS soh INNER JOIN Sales.Customer AS c ON soh.CustomerID =
c.CustomerID INNER JOIN

Person.BusinessEntity AS b ON b.BusinessEntityID = c.PersonID INNER JOIN

Person.Person AS p ON p.BusinessEntityID = b.BusinessEntityID INNER JOIN

Person.BusinessEntityAddress AS a ON a.BusinessEntityID = b.BusinessEntityID INNER
JOIN

Person.Address AS ad ON ad.AddressID = a.AddressID INNER JOIN

Person.AddressType AS at ON at.AddressTypeID = a.AddressTypeID INNER JOIN Person.
StateProvince AS sp ON sp.StateProvinceID = ad.StateProvinceID INNER JOIN

Person.CountryRegion ctr ON sp.CountryRegionCode = ctr.CountryRegionCode

WHERE(c.PersonID IS NOT NULL)

    AND (at.Name = N'Home')

    AND (sp.CountryRegionCode = N'US')
```

10. 单击**"确定"**按钮，如图3.28所示。

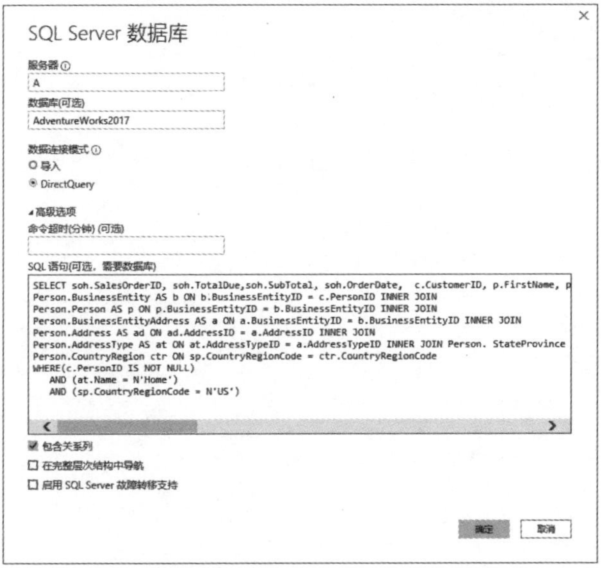

图3.28： SQL Server数据库对话框

在出现的提示窗口中显示了数据库的名称，后跟服务器名称。还显示了对数据库进行查询的表视图。

11. 单击**"加载"**按钮加载查询，如图3.29所示。

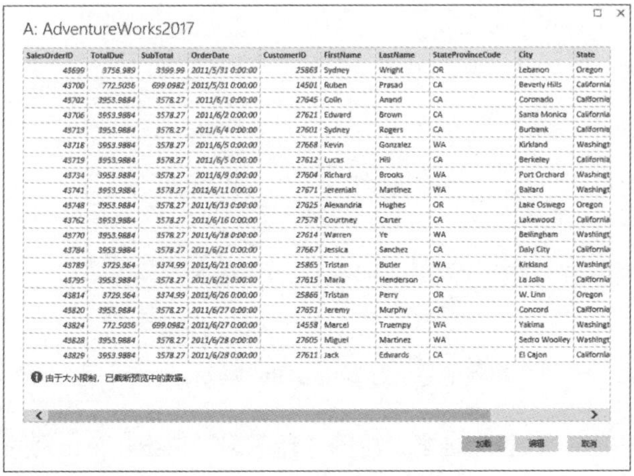

图3.29： 加载查询

出现**"创建连接"**消息框，显示在Power BI和查询的SQL Server语句之间创建连接的过程。成功建立连接后，将在**"字段"**窗格中添加具有指定字段的查询（Query1）。

12. 右键单击查询，打开上下文快捷菜单。

13. 从上下文快捷菜单中选择**"重命名"**命令，执行重命名操作，如图3.30所示。

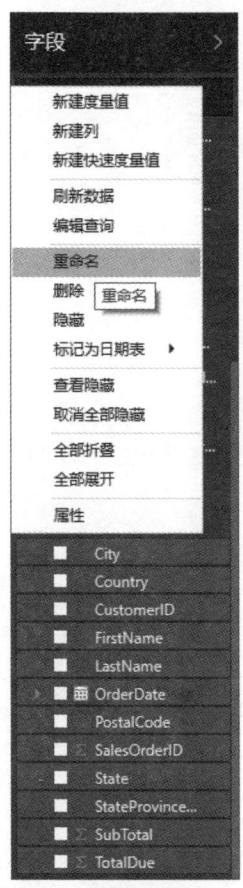

图3.30：重命名查询

14. 用所需名称替换**Query1**。示例中，我们输入了**Sales_By_Region**。

15. 在**"建模"**选项卡下单击**"计算"**选项组中的**"新建列"**按钮，将出现公式栏。

16. 键入以下DAX表达式，创建名为**Name**的计算列，该计算列连接名为**First-Name**和**LastName**的两列。

```
Name = CONCATENATE(Sales_By_Region[FirstName], Sales_By_Region[LastName])
```

17. 单击**确定**（✓）图标，保存DAX表达式。在**Sales_By_Region**表下创建一个名为**Name**的计算列，如图3.31所示。

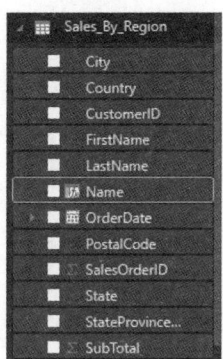

图3.31： 创建查询列

18. 插入要在报表中显示的所需视觉对象。在示例中，我们创建了一个包含各种视觉对象的报表，如图3.32所示。

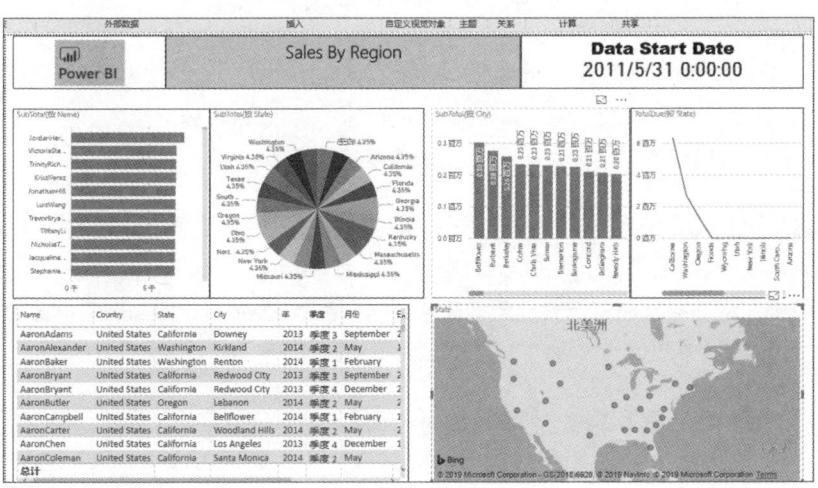

图3.32： 创建报表

在上面的报表中,我们执行了以下操作。

1. 在"开始"选项卡下单击"插入"选项组的"图像"按钮,插入图像。插入后,在"图像格式"窗格中将边框设置为黑色。

2. 在"开始"选项卡下单击"插入"选项组的"文本框"按钮,插入文本框,设置字体大小和背景颜色。

3. 在"可视化"窗格下插入"卡片图"。将"字段"窗格下的OrderDate字段拖到"字段"下的"值"区域。然后,给卡片添加一个标题。在"格式"区域将"类别标签"设置为"关",将边框颜色指定为黑色。

4. 单击"可视化"窗格下的"簇状条形图"图标,添加簇状条形图。在"字段"区域中,将Name拖到"轴"字段,将SubTotal拖到"值"字段,将边框颜色指定为黑色。

5. 单击"可视化"窗格下的"饼图"图标,添加饼图。在"字段"区域,将State拖动到"图例"字段,将SubTotal拖到"值"字段,将边框颜色指定为黑色。我们还可以在"详细信息"的"标签样式"下选择了标签样式的总百分比选项。

6. 单击"可视化"窗格下的"簇形柱状图"图标,添加簇形柱形图。在"字段"区域,将City拖动到"轴"字段,将SubTotal拖到"值"字段,将边框颜色指定为黑色。在"数据标签"区域将"方向"设置为"垂直"。

7. 单击"可视化"窗格下的"折线图"图标,添加折线图。在"字段"区域,将State拖到"轴"字段,将TotalDue拖到"值"字段,将边框颜色指定为黑色。在"数据颜色"区域为TotalDue值设置颜色。

8. 单击"可视化"窗格下的"表"图标,添加表。在"字段"区域,将Name、Country、State、City、OrderDate、SubTotal和TotalDue拖到"值"字段中,将边框颜色指定为黑色。在"数据颜色"区域为TotalDue值设置颜色。将"值"区域的"字体"和"文本大小"选项分别设置为Calibri和12。

9. 单击"可视化"窗格下的"地图"图标,添加地图。在"字段"区域,将City拖动到"位置"字段,将边框颜色指定为黑色。

使用导入选项创建报表

使用"导入"选项将数据加载到Power BI Desktop,并根据该数据创建报表的具体步骤如下。

1. 启动Power BI桌面程序。

2. 在**"主页"**选项卡下的**"外部数据"**选项组中单击**"获取数据"**按钮,将出现数据源列表。

3. 从列表中选择**SQL Server**选项,出现**"SQL Server数据库"**对话框。

4. 在**"服务器"**文本框中输入服务器的名称。

5. 在**"数据库"**文本框中输入数据库的名称。

6. 在**"数据连接模式"**选项区域选择**"导入"**单选按钮。

7. 单击**"确定"**按钮,出现**"导航器"**对话框。

8. 从**"导航器"**对话框中选择所需的表。

9. 单击**"加载"**按钮,如图3.33所示。

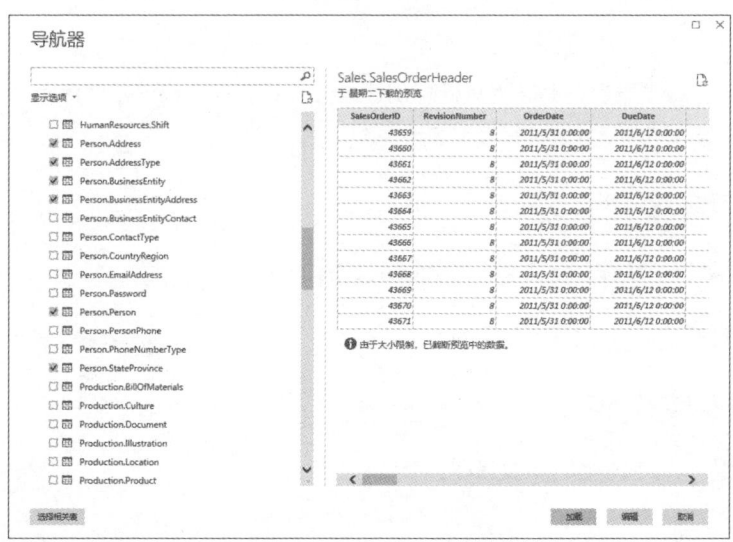

图3.33:加载表

出现**"加载"**对话框,显示加载所选表的进度。所选表加载完成后,它们将显示在**"字段"**窗格中。

10. 插入要在报告表显示的视觉对象。在示例中,我们创建了一个显示不同视觉对象的报表,如图3.34所示。

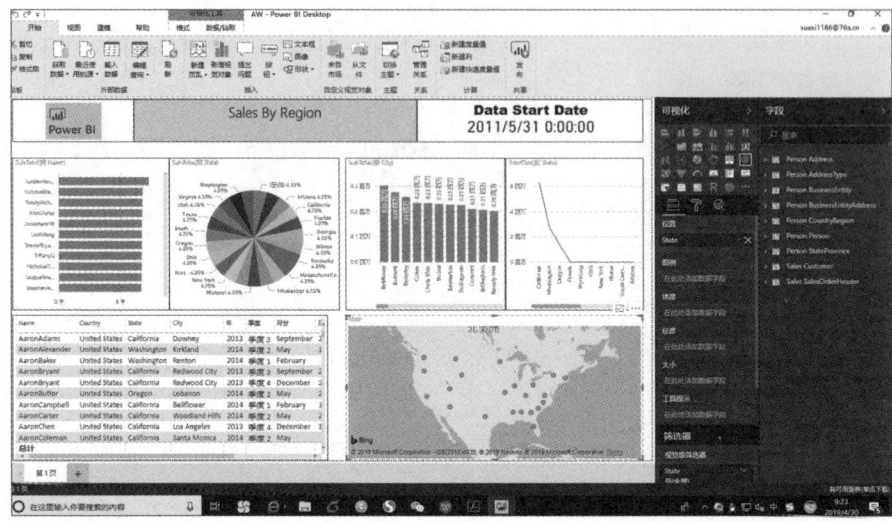

图3.34: 创建报表

保存报表

完成创建报表的操作后,需要将其保存到适当的位置。用户应该定时保存报表,以避免因电源故障等意外事件导致报表丢失。

执行以下步骤保存报表。

1. 在功能区上选择**"文件"**选项卡,出现后台视图。

2. 选择**"另存为"**选项,出现**"另存为"**对话框。

3. 导航到要保存报表的位置。

4. 在**"文件名"**文本框中输入报表名称。

5. 单击**"保存"**按钮,如图3.35所示。

创建报表 — 79

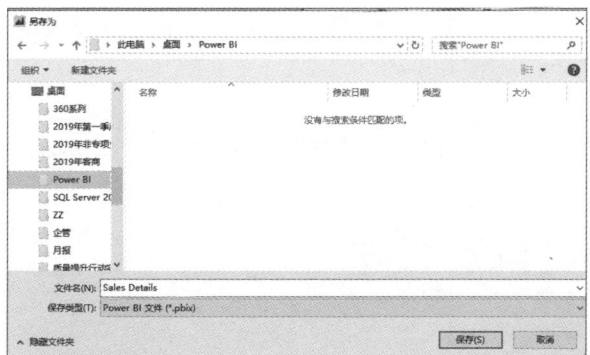

图3.35：保存报表

保存报表后，报表的名称将显示在标题栏中，如图3.36所示。

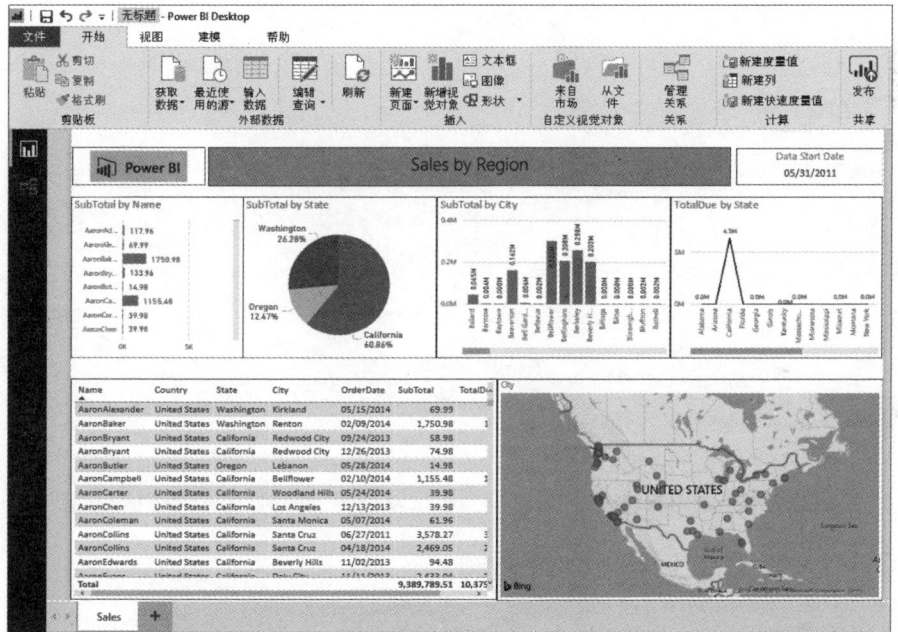

图3.36：显示报表标题

发布报表

在Power BI Desktop中设计报表后，用户还可以将其发布到Power BI Service以便其他人使用。将报表发布到Power BI Service时，会自动在Power

BI Service中创建数据集。

执行以下步骤发布报表。

1. 在**"开始"**选项卡的**"共享"**选项组中单击**"发布"**按钮,如图3.37所示。

图3.37:单击"发布"按钮

出现**"发布到Power BI"**对话框。

2. 从**"选择一个目标"**列表框中选择工作区。

3. 单击**"选择"**按钮,如图3.38所示。

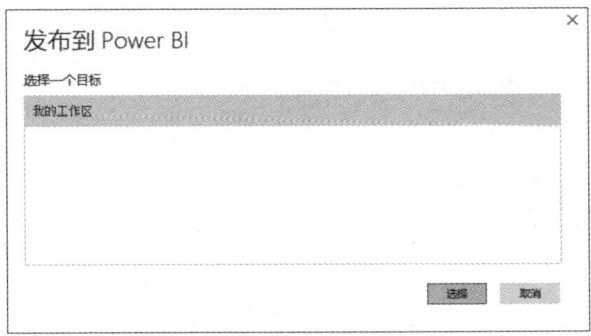

图3.38:"发布到Power BI"对话框

弹出**"发布到Power BI"**消息框,显示将报表发布到Power BI的进度,如图3.39所示。

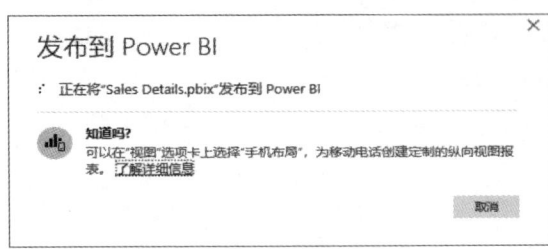

图3.39:"发布到Power BI"消息框

发布完成后，用户会收到"已成功发布"消息提示。同时还会收到一条警告：由于网关不可用，已发布的报表无法连接到数据源。

4. 单击**"知道了"**按钮关闭消息框，如图3.40所示。

图3.40： 已成功发布对话框

 提示

我们将在下一节中学习如何安装和配置网关。

设置网关

如上一节所述，用户需要安装并配置企业网关，将已发布的报表连接到数据源。本节将要介绍的内容如下。

1. 了解网关。

2. 了解网关类型。

3. 下载并安装本地数据网关。

4. 配置网关。

5. 添加数据源。

了解网关

网关是一款允许用户访问位于本地系统或网络数据的软件，以便日后可以在云服务中使用。只有授权用户才可访问网关。类似看门人，只允许授权人员进入大门，网关会参与所有连接请求，但只允许那些符合特定条件的用户访问。不用使用整个数据库在Power BI中创建报表和仪表板，而是可以使用数据子集，并且可以将整个数据库放在本地网络上。网关的附加功能如下。

- 加密通过它的数据。
- 压缩数据以进行安全访问。
- 使用密码建立与数据源的连接。

网关类型

Power BI提供两种类型的网关，两种网关都以相同的方式工作，网关类型如下。

1. 本地数据网关（个人模式）。

2. 本地数据网关（标准模式）。

本地数据网关（个人模式）

本地数据网关（个人模式）仅允许一个人连接到数据源，不允许共享报表，只能与Power BI协同使用。该网关仅限个人使用，用户在自己的计算机上安装网关，数据源就位于本地。

该类型网关非常适用于以下示例中的情况：如果用户有一个包含多年销售数据的工作簿，并且想要创建一个Power BI仪表板，其中包含能显示基于不同参数的销售数据的磁贴。用户是报表的所有者，并使用相同的数据集来创建Power BI报表，此时就需要一个本地数据网关（个人模式）。

> **你知道吗？**
>
> 本地数据网关（个人模式）是早期个人网关Power BI Gateway-Personal的更新版本。

本地数据网关（标准模式）

本地数据网关（标准模式）可供多个用户使用和共享。该类型网关可供Power BI、PowerApps和Azure逻辑应用等使用，支持计划刷新以及Power BI的DirectQuery功能。

此设置非常适用于这种情况：用户在一家组织工作，需要从Analysis Services、SAP、Oracle和IBM等不同数据源获取不同的数据，并且组织中的多个人也希望访问数据库，创建大量报表。要访问这些源，需要安装本地数据网关，与组织中的多人共享报表。

以下是使用本地数据网关（标准模式）时的一些注意事项。

1. 无法在域控制器上安装网关。
2. 无法在笔记本计算机上安装网关，可能面临断网问题。
3. 应避免在无线网络上运行的系统上安装网关，因为可能影响性能。

下载并安装本地数据网关

在Power BI Service中发布报表后，用户可以使用凭据访问https://app.powerbi.com链接中的报表。打开发布的报表时，会收到错误提示，如图3.41所示。

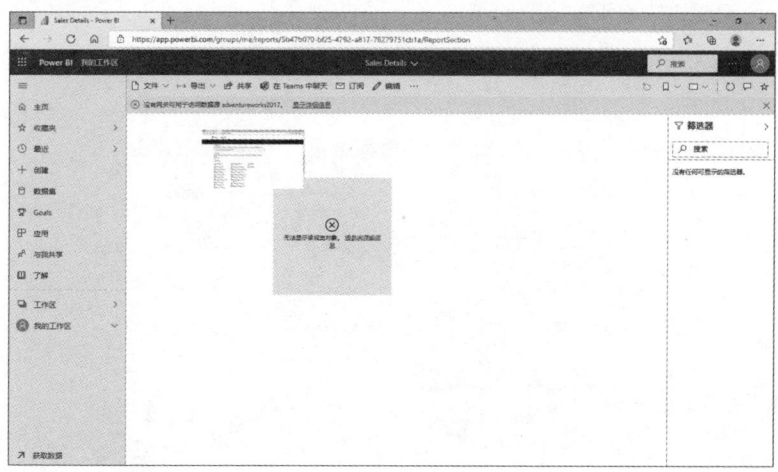

图3.41：显示错误

从上图中，用户将看到视觉对象未出现在报表中，这是因为数据网关无法访问数据源。解决此问题，可以通过在运行SQL Server的计算机上安装本地数据网关并对其进行配置，以便Power BI可以使用它。

执行以下步骤，下载并安装本地数据网关。

1. 浏览以下链接：https://app.powerbi.com/。

2. 用Power BI Desktop中使用的相同凭据登录Power BI Service。

3. 单击**"下载"**图标按钮，出现一个选项列表。

4. 选择选项列表中的**"数据网关"**选项，如图3.42所示。

图3.42：选择"数据网关"选项

此时将重定向到下载网关的链接。

5. 选择下载模式，如图3.43所示。

图3.43：下载页面

下载完成后，用户可以在**"下载"**文件夹中看到**PowerBIGatewayInstaller.exe**文件。

6. 双击**"下载"**文件夹中的**PowerBIGatewayInstaller.exe**，将出现**"On-premises data gateway安装程序"**向导。

7. 单击**"下一步"**按钮，开始安装数据网关，如图3.44所示。

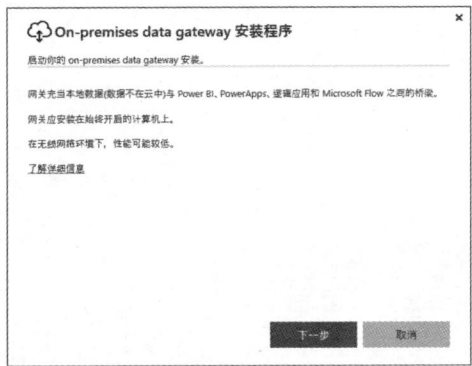

图3.44：开始安装数据网关

将出现**"On-premises data gateway安装程序"**向导的**"选择你所需的网关类型"**页面。

8. 选择**"On-premises data gateway（推荐）"**单选按钮，安装本地数据网关。

9. 单击**"下一步"**按钮，如图3.45所示。

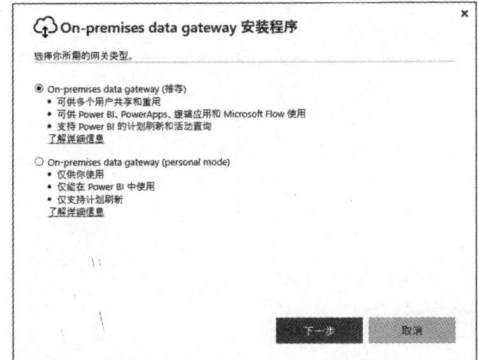

图3.45：选择网关类型

出现"准备好安装on-premises data gateway"页面，显示安装进度，如图3.46所示。

图3.46：安装on-premises data gateway页面

10. 在**"安装到"**文本框中指定要安装网关的目录路径。

11. 勾选**"我接受使用条款和隐私声明"**复选框。

12. 单击**"安装"**按钮，如图3.47所示。

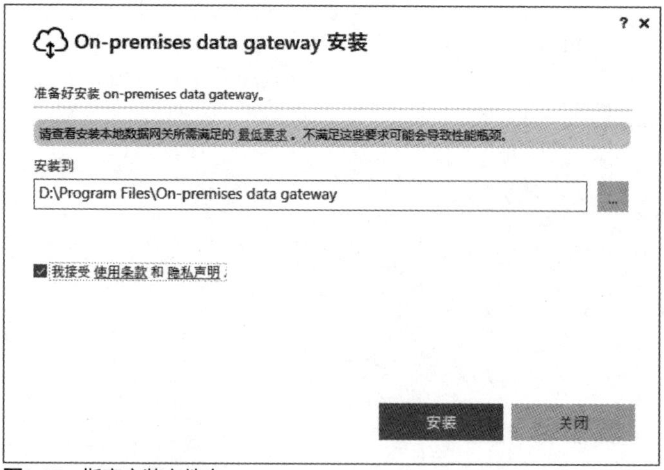

图3.47：指定安装文件夹

出现**"正在安装你的on-premises data gateway"**页面，显示安装的状态和进度，如图3.48所示。

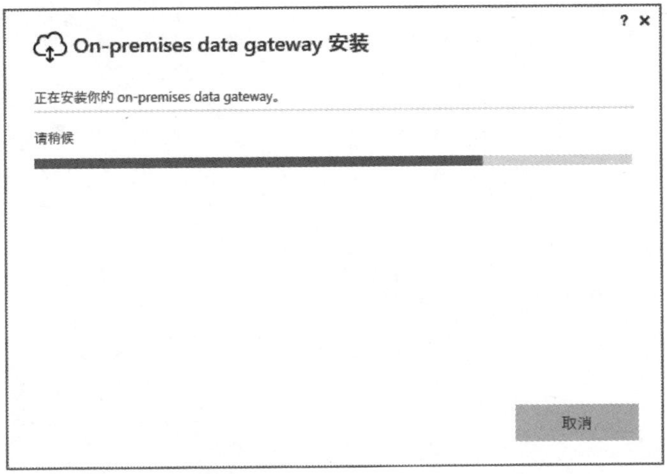

图3.48：数据网关安装进度提示

出现**"On-premises data gateway安装"**向导的**"即将完成"**页面，显示安装成功，页面下方显示需要用户登录才能注册网关。

配置网关

安装成功后，需要配置网关，以便它可以与Power BI一起使用。要配置网关，需要继续执行前面的**"下载并安装本地数据网关"**中的相关步骤，配置/注册网关，具体操作如下。

1. 在**On-premises data gateway**对话框的**"要与此网关一起使用的电子邮件地址"**文本框中输入要注册网关的电子邮件地址。

2. 单击**"登录"**按钮，如图3.49所示。

图3.49：显示电子邮件地址

出现**"登录"**对话框。

3. 在**"密码"**文本框中输入密码。

4. 单击**"登录"**按钮。

   出现On-premises data gateway窗口的下一页面。

5. 选择**"在此计算机上注册一个新网关"**单选按钮，注册新网关。

6. 单击**"下一步"**按钮，如图3.50所示。

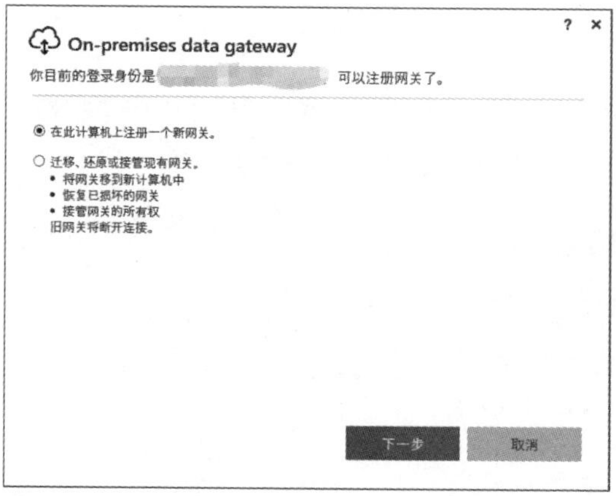

图3.50：显示新网关

On-premises data gateway对话框的下一页面要求用户指定网关的名称和恢复密钥。

7. 在"新on-premises data gateway名称"文本框中输入网关名称。

8. 在"恢复密钥"文本框中输入所需的网关恢复密钥。

9. 在"确认恢复密钥"文本框中输入相同的恢复密钥。

10. 单击"配置"按钮,如图3.51所示。

图3.51: 配置本地数据网关

配置网关后,将看到**"网关DemoGateway处于联机状态且已准备就绪,可以使用"**的状态。

11. 单击**"关闭"**按钮,关闭**On-premises data gateway**窗口,如图3.52所示。

图3.52：网关配置完成状态

添加数据源

安装本地数据网关后，可以添加要与网关一起使用的数据源（SQL Server）。用户可以在网关窗口的网关群集下找到可用网关列表。与所选网关群集相关的设置将显示在"网关"窗口的右窗格中。

执行以下步骤，将数据源添加到先前创建的网关。

1. 启动 Power BI Service。

2. 单击**"设置"**图标按钮，出现一个选项列表。

3. 选择**"管理网关"**选项，如图3.53所示。

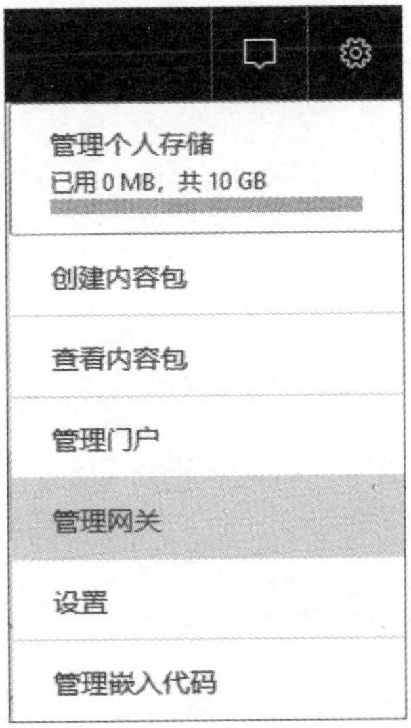

图3.53：选择"管理网关"选项

出现**网关**窗口。在左侧窗格中，用户将看到**"网关群集"**下的可用网关列表。右侧窗格的**"网关群集设置"**选项卡下显示有关所选网关的信息以及与网关相关的其他设置，如图3.54所示。

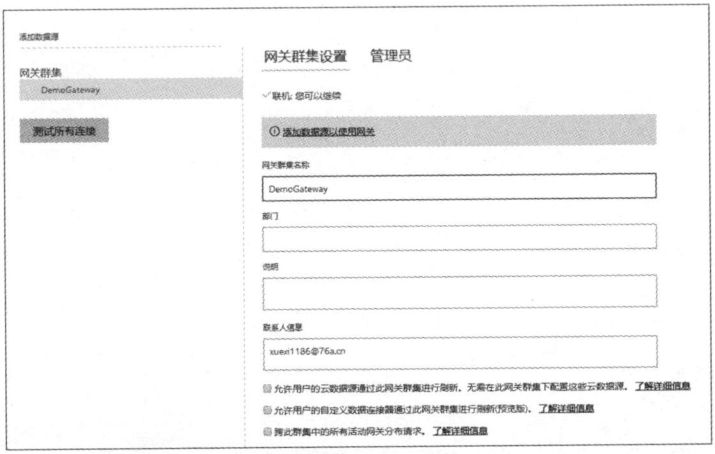

图3.54：网关群集设置

4. 单击**"添加数据源以使用网关"**链接或选择网关旁边的**省略号**图标（…），然后选择列表中的**"添加数据源"**选项，如图3.55所示。

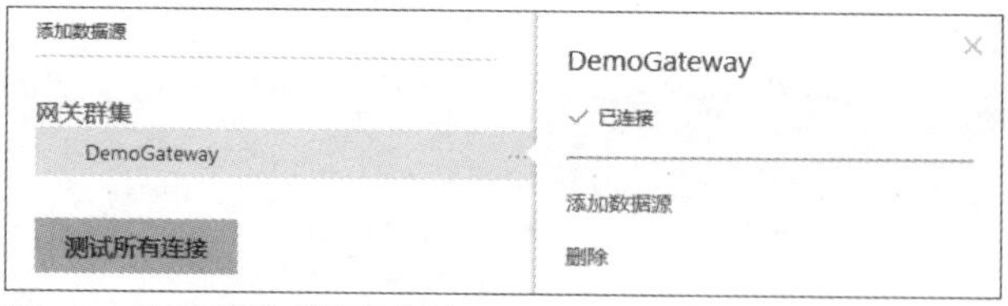

图3.55：选择"添加数据源"选项

5. 在**"数据源名称"**文本框中输入所需的数据源名称。

6. 从**"数据源类型"**下拉列表中选择**SQL Server**选项，将网关连接到SQL Server数据源。

7. 在**"服务器"**文本框中输入数据库所在的SQL Server的名称。

8. 在**"数据库"**文本框中输入与之前使用的数据库的相同名称。

9. 从**"身份验证方法"**下拉列表中选择所需的身份验证方法，如图3.56所示。

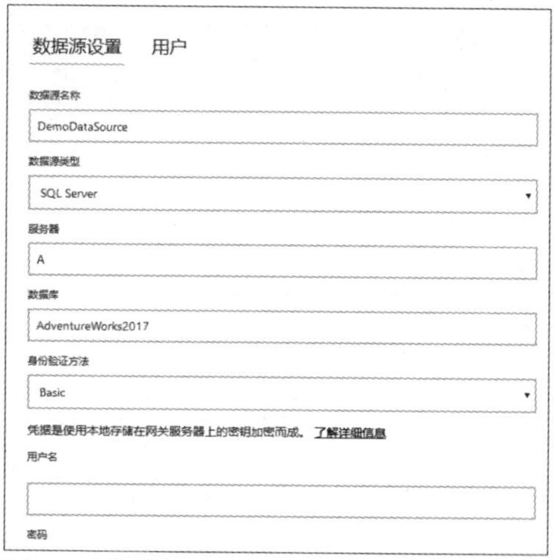

图3.56：显示数据源配置

选择身份验证方法后，将显示**"用户名"**和**"密码"**字段。

10. 在**"用户名"**文本框中输入用户名。

11. 在**"密码"**文本框中输入密码。

12. 单击**"添加"**按钮，如图3.57所示。

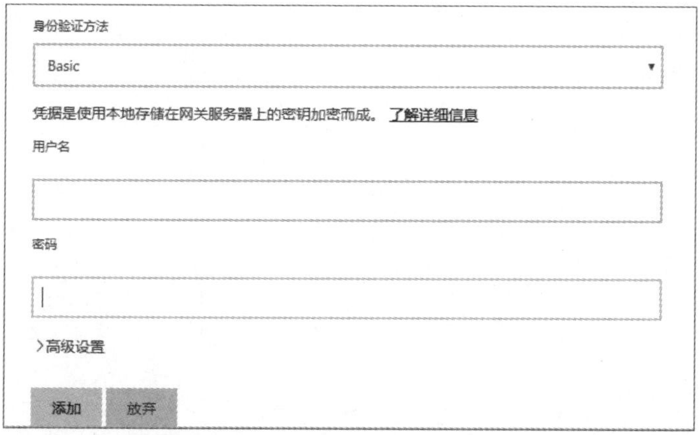

图3.57：显示用户名和密码

单击**"添加"**按钮时，将显示**"连接成功"**提示，说明已建立连接，如图3.58所示。

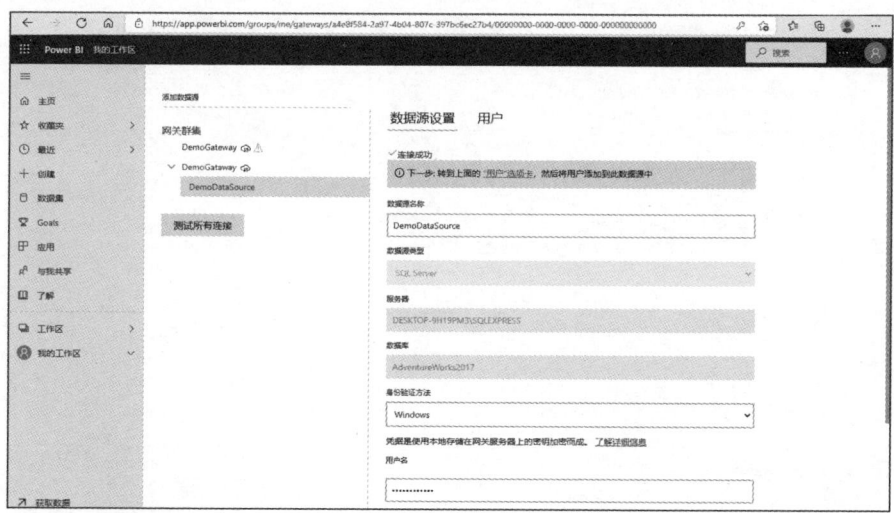

图3.58：连接成功消息框

13. 选择**"用户"**选项卡，将用户添加到已创建的数据源。

14. 指定允许使用此数据源发布报表人员的电子邮件地址。

15. 单击**"添加"**按钮，指定的人员将添加到列表框中，如图3.59所示。

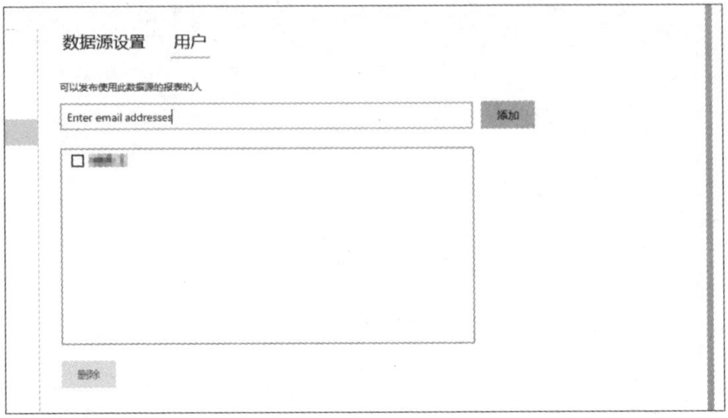

图3.59：添加用户

正确配置网关后，视觉对象开始出现在报表中，如图3.60所示。

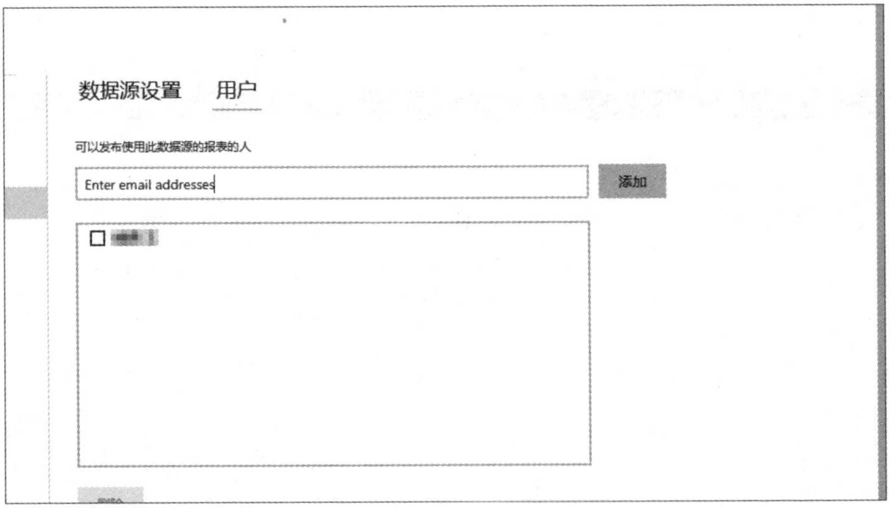

图3.60：展示报表

自然语言查询

Power BI的一个突出特点是支持自然语言。用户可以用自然语言提问，Power BI将以图表和图形的形式回答这些问题，此功能通常称为问答。

提示

问答不应该被搜索引擎取代,因为只有当搜索引擎提供全球可用数据的搜索结果时,Q&A才会提供Power BI中可用数据的结果。

要使用此功能,Power BI中应该有数据。如果没有数据,可以连接到Power BI Service中提供的示例。执行以下步骤连接到示例。

1. 启动 Power BI Service。

2. 单击左侧窗格中的**"获取数据"**按钮,**"获取数据"**页面将显示在右侧窗格中。

3. 单击**"示例"**链接,如图3.61所示。

图3.61:单击"示例"链接

出现可用示例样表。

4. 选择要使用的样表。在本示例中,我们选择了**"销售和市场营销示例"**。

   选择样表时,会出现一个包含**"连接"**按钮的窗格。

5. 单击**"连接"**按钮,如图3.62所示。

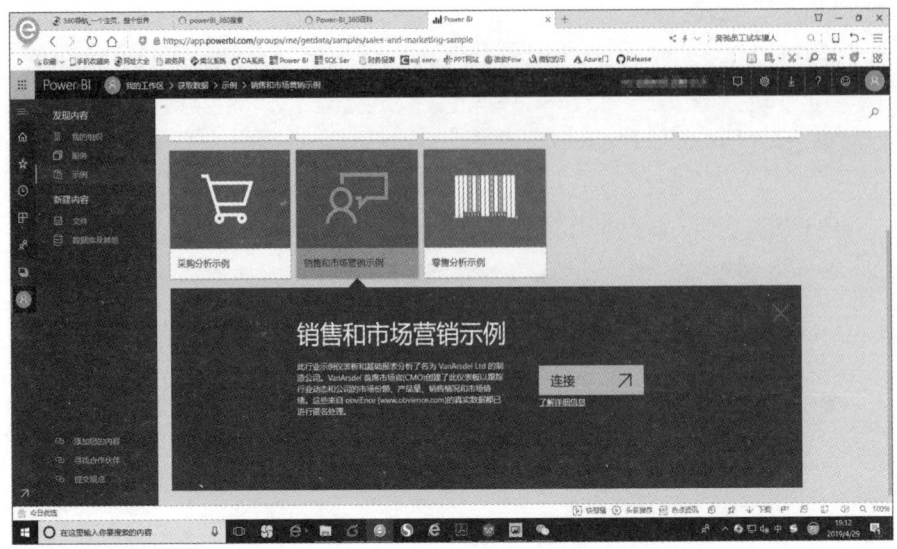

图3.62：连接到示例

出现**"正在导入数据"**消息框，显示导入数据的进度，如图3.63所示。

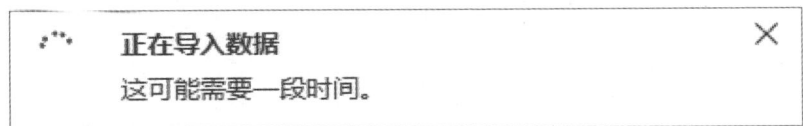

图3.63："正在导入数据"消息框

出现**"您的数据集已就绪"**对话框，包含**"查看数据集"**按钮。

6. 单击**"查看数据集"**按钮，如图3.64所示。

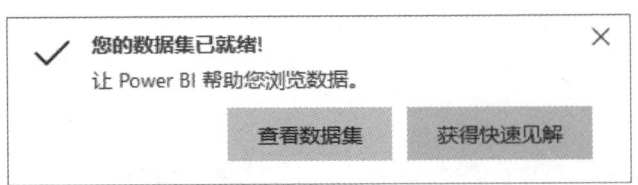

图3.64："您的数据集已就绪"对话框

仪表板打开并显示固定到仪表板的磁贴，如图3.65所示。

自然语言查询 — 97

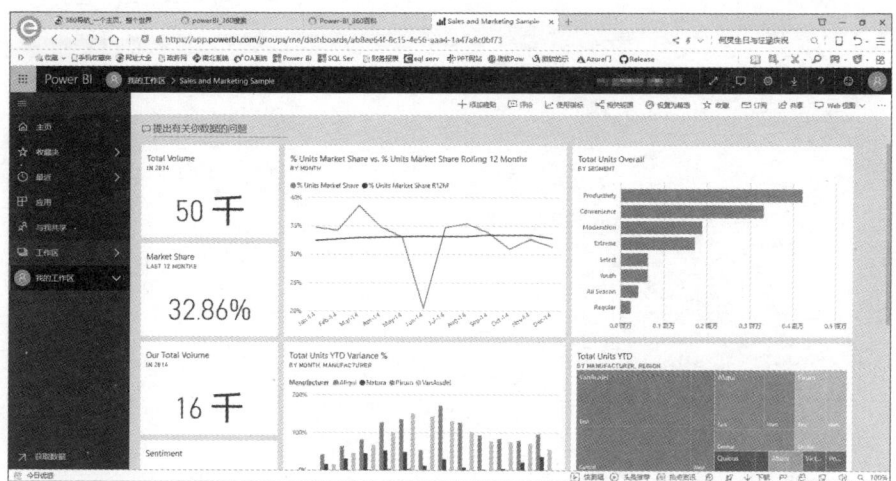

图3.65：显示仪表板磁贴

执行以下步骤，用自然语言查询Power BI。

1. 单击**"提出有关你数据的问题"**文本框，将出现**"问答"**页面，其中包含可用于查询Power BI以获取解决方案的关键字列表，如图3.66所示。

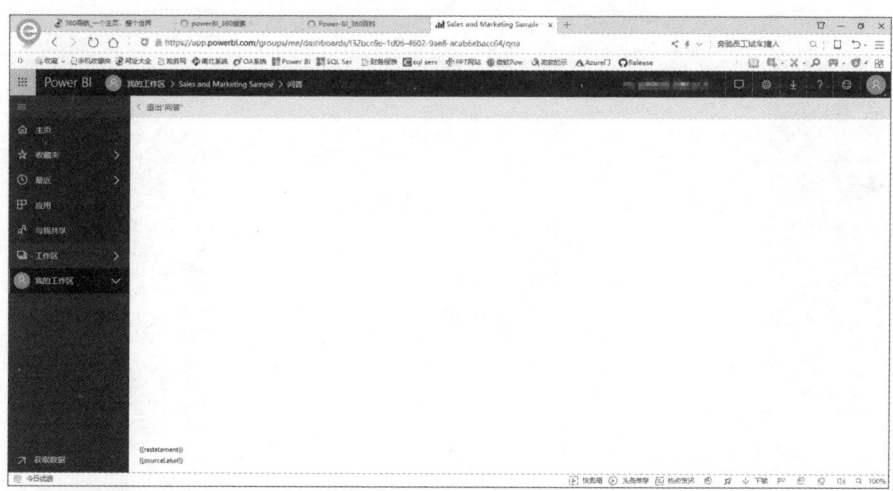

图3.66：问答页面

2. 在**"提出有关你数据的问题"**文本框中输入所需的查询。本示例中，我们输入了**count of product by manufacturer**关键字后，得到的结果以视觉对象呈现出来，如图3.67所示。

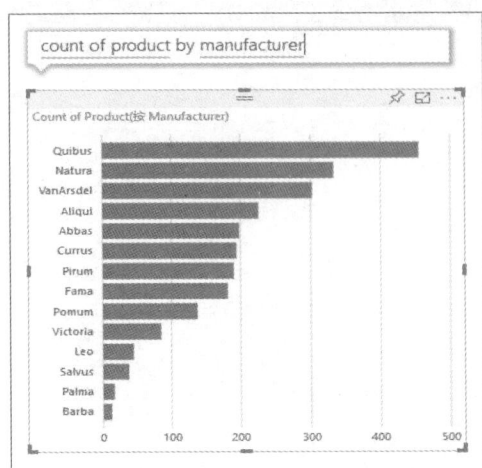

图3.67： 以视觉对象形式查看结果

用户可以根据自己的要求修改视觉对象，只需从"可视化"窗格中选择另外一种视觉对象，数据将在更新后的视觉对象中显示，如图3.68所示。

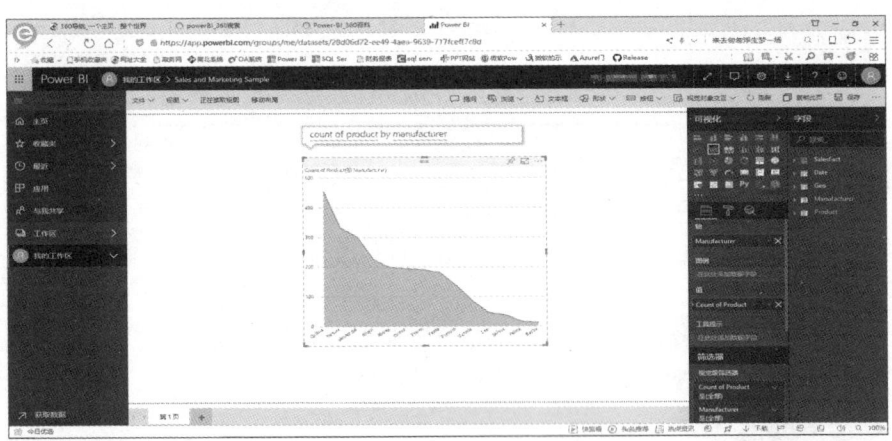

图3.68： 查看更新后的视觉对象

3. 单击右上角的**固定视觉对象**图标，把该视觉对象固定到仪表板上作为磁贴，将出现**"固定到仪表板"**对话框。

4. 选择**"现有仪表板"**或**"新建仪表板"**单选按钮,以指定想固定视觉对象的仪表板。本示例中,我们选择了"现有仪表板"单选按钮。

5. 从"选择现有仪表板"下拉列表中选择所需的仪表板。

6. 单击**"固定"**按钮,如图3.69所示。

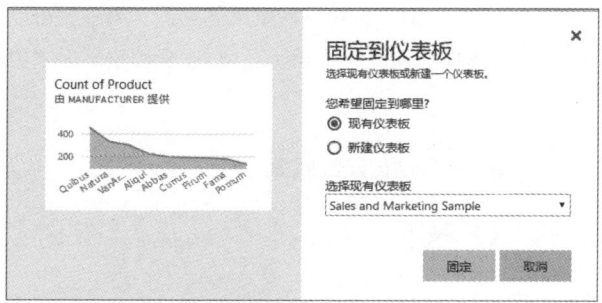

图3.69:固定视觉对象至仪表板

出现**"已固定至仪表板"**消息框,显示创建的视觉对象已固定到选定的仪表板。界面中还包含**"转至仪表板"**按钮,单击可以导航到指定的仪表板。利用已创建的视觉对象,仪表板现在已更新,如图3.70所示。

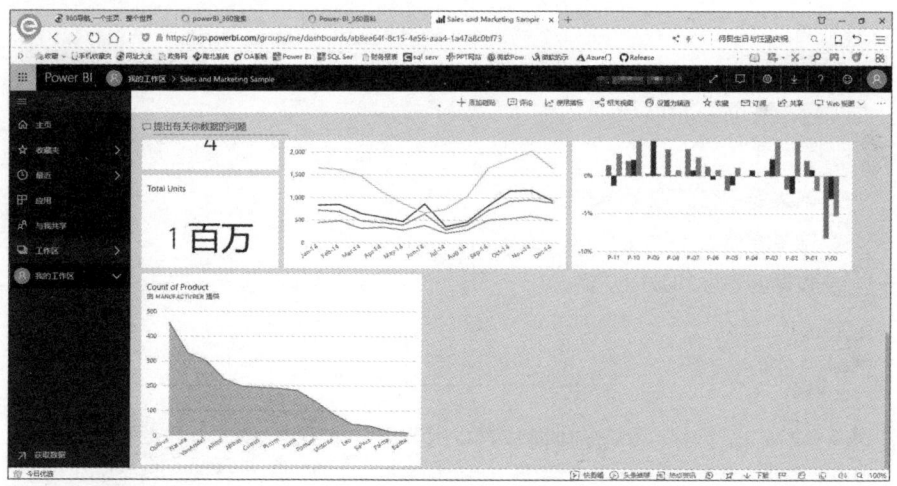

图3.70:显示仪表板

Power BI中的数据刷新

使用视觉对象来帮助传达被捕获数据的相关信息，有助于用户做出更好的业务决策。因此，用户应始终确保用于Power BI报表的数据准确且是更新过的。但是，我们无法将整个数据重复导入Power BI并创建有关该数据的报表。使用拥有的数据创建Power BI报表后，用户可以设置该数据的计划刷新，以便Power BI报表和可视化及时反映更新后的信息。这也消除了重复导入数据的需要。用户还可以通过单击Power BI中的"刷新"按钮对数据进行手动刷新，对报表和仪表板中更新后的数据进行可视化。

在Power BI Service中，以下情况将自动创建数据集。

1. 使用内容包或文件中的"获取数据"按钮导入数据。
2. 文件从Power BI Desktop发布。

创建的数据集将显示在Power BI Service的"我的工作区"窗口中。用户可以执行与数据集相关的不同操作，包括浏览报表中使用的数据并通过单击"数据集"选项卡下显示的数据集名称旁边的省略号图标（…）时出现的菜单中的相应选项来设置刷新。

提示

单个数据集可能有多个数据源。

数据集包含有关数据源的信息。
- 数据源凭据。
- 从数据源获取的数据子集。

提示

更新数据源中的数据并希望将相同的更新应用于报表中的视觉对象时，需要刷新Power BI中的数据。数据刷新会更新存储在Power BI数据集中的数据。这种数据刷新称为全量刷新。

数据刷新过程包含以下步骤。

1. 用户可以使用**立即刷新**按钮或设置刷新计划来刷新数据集中的数据。

2. Power BI通过使用数据集中的可用信息与相关的数据源连接。

3. Power BI查询各个数据源以获取更新的数据。

4. Power BI将更新的数据加载到数据集中。

5. 视觉对象会根据最新数据自动更新并显示在报表或仪表板中。

> **附加信息**
>
> 除了数据刷新之外，Power BI中还提供了一些其他类型的刷新，具体如下。
>
> 1. **程序包刷新**：指用于同步Power BI Desktop、Power BI Service以及OneDrive的一种刷新。刷新数据时，数据保留在原始数据源中，对OneDrive或SharePoint Online进行更新时，只有数据集才会得到更新。
>
> 2. **磁贴刷新**：每当数据发生变化时，固定在仪表板上的磁贴的视觉对象就会更新。Power BI每十五分钟检查一次更新的数据。但是，用户可以从仪表板中单击省略号图标（…）时出现的菜单中选择"刷新仪表板磁贴"选项，强制应用磁贴刷新。
>
> 3. **视觉对象容器刷新**：刷新视觉对象容器时，报表视觉对象会更新。

配置计划刷新

用户可以通过单击数据集名称旁边的省略号图标（…）中的"计划刷新"图标或选择"设置"选项来应用计划刷新。要成功配置计划刷新，需要进行以下设置。

- 连接网关。
- 数据源凭据。
- 计划刷新。

执行以下步骤，配置数据集的计划刷新。

1. 启动 Power BI Service。

2. 从左侧窗格中选择**"我的工作区"**选项。

3. 在右侧窗格中选择**"数据集"**选项卡，查看可用数据集列表。

4. 单击所需数据集旁边的**计划刷新**图标，如图3.71所示。

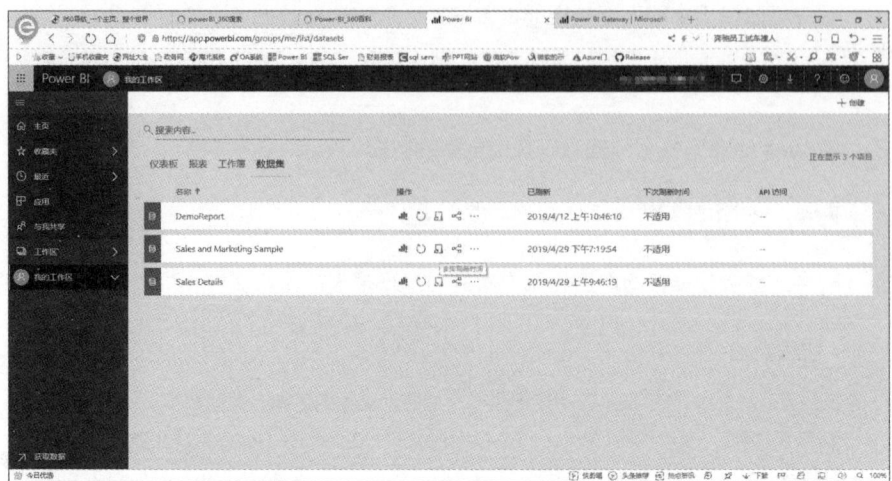

图3.71：单击"计划刷新"图标

出现所选数据集的**设置**页面。

5. 展开**"网关连接"**折叠按钮，显示与网关连接相关的设置。

6. 选择**DemoGateWay**单选按钮，将看到状态为联机状态。

7. 单击**"应用"**按钮应用更改，如图3.72所示。

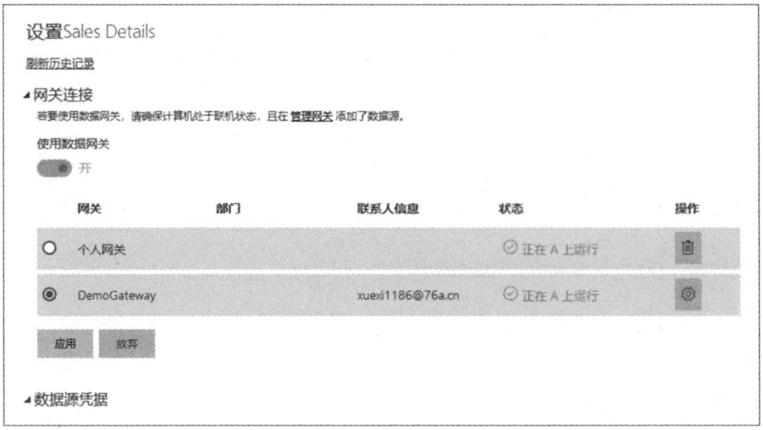

图3.72：设置网关连接

8. 展开**"数据源凭据"**节点。此时你将看到一条消息，管理员不需要凭据，如图3.73所示。

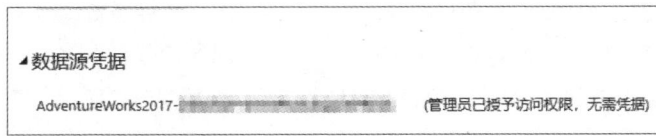

图3.73：展开数据源凭据节点

9. 展开**"计划的刷新"**折叠按钮，确定与计划刷新相关的设置，包括刷新数据集的频率和时间段。

10. 拖动**"使您的保持数据保持为最新"**滑块，将状态更改为"开"。

11. 从**"刷新频率"**下拉列表中选择所需的刷新频率。

12. 从**"时区"**下拉列表中选择所需的时区。

13. 勾选**"向我发送刷新失败通知电子邮件"**复选框，以便在刷新失败时收到电子邮件。

14. 单击**"应用"**按钮，如图3.74所示。

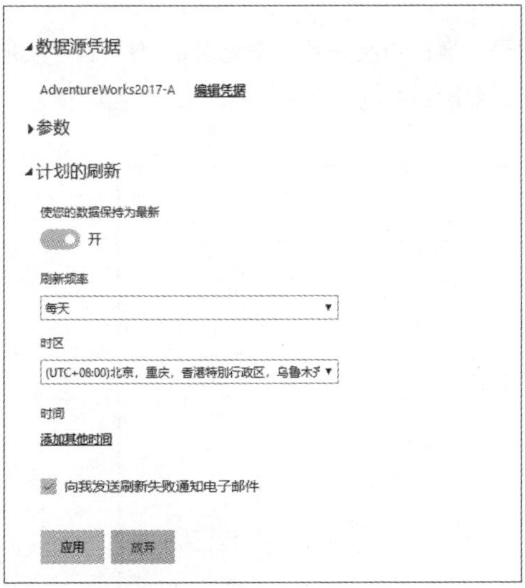

图3.74：配置计划的刷新

单击"应用"按钮后,将配置计划刷新。

通过DirectQuery加载数据时,Power BI和数据库之间会建立直接连接。因此,只要用户与报表上的任何视觉对象进行交互,Power BI就会直接查询数据库。默认情况下,使用DirectQuery创建的数据集的刷新频率设置为1小时。但是,用户可以根据需要更改刷新频率下拉列表中的频率选项,然后单击"应用"按钮进行更改,如图3.75所示。

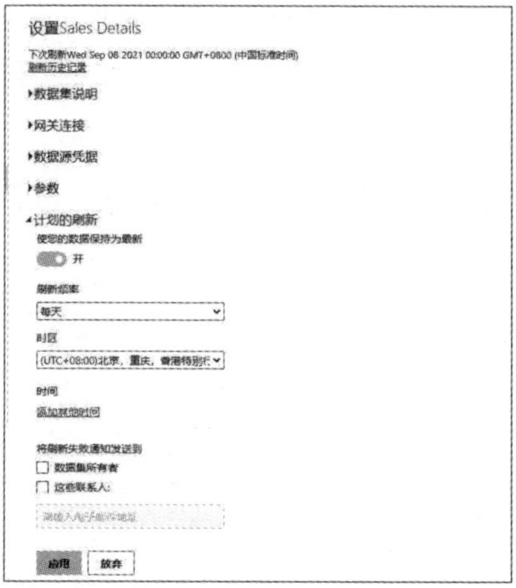

图3.75: 设置刷新频率

用户还可以通过单击"刷新历史纪录"链接查看刷新历史纪录,将打开"刷新历史纪录"对话框并显示数据刷新的历史纪录,如图3.76所示。

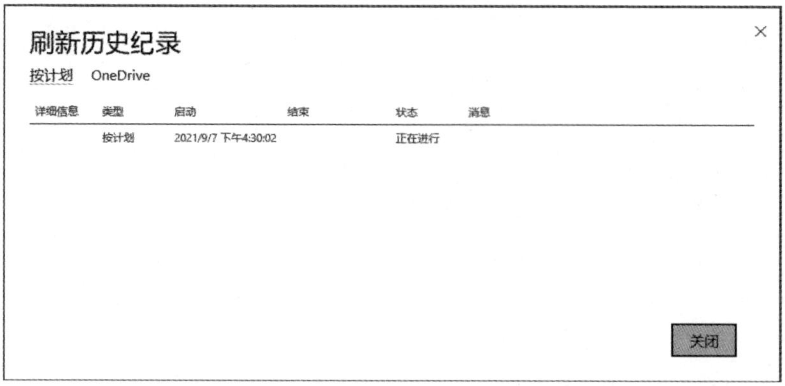

图3.76: 刷新历史纪录对话框

创建内容包

内容包是用户的仪表板、报表和数据集的完整包，可以与组织中的其他用户共享。用户可以创建内容包并发布到团队中。发布内容包后，将在名为AppSource的集中式存储库中可供使用。该存储库可帮助团队成员轻松查找为内容包发布的报表和数据集。

提示

作为内容包发布的报表和数据集具有Power BI的功能，包括对数据探索、数据刷新、视觉对象和问答提供支持。

只有当用户是组里的成员（例如发布内容包的整个组织、销售小组、安全组或Office 365组）时，才能在中央存储库中找到内容包。应该注意，内容包数据对于组的所有成员都是只读的，但可以复制报表，作为该内容包的个性化版本的基础。

提示

用户需要有一个用于创建和访问组织内容包的Power BI Pro账户。

执行以下步骤，创建和发布内容包。

1. 启动 Power BI Service。
2. 单击 **"设置"** 图标按钮，出现一个下拉菜单。
3. 在下拉菜单中选择 **"创建内容包"** 选项，如图3.77所示。

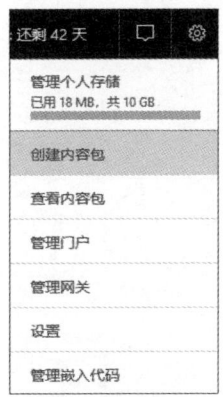

图3.77：创建内容包

出现**"创建内容包"**页面。

4. 选择**"特定组"**单选按钮以允许特定组访问此内容包，或选择**"我的整个组织"**单选按钮以允许整个组织访问此内容包。

5. 在**"标题"**文本框中输入内容包的标题。

6. 在**"说明"**文本框中输入内容包的说明。

7. 单击**上载**图标上传内容包的图像，如图3.78所示。

图3.78：创建内容包

出现**"打开"**对话框。

8. 导航到图像所在的位置。

9. 选择图像。

10. 单击**"打开"**按钮上传图像，如图3.79所示。

图3.79：上传图像

所选图像已上传。

11. 在**"仪表板"**列表区域中选择要发布的所需仪表板，将分别从**"报表"**和**"数据集"**列表区域中自动勾选相关报表和数据集。

12. 单击**"发布"**按钮，如图3.80所示。

图3.80：发布内容包

弹出窗口显示内容包已成功发布并添加到组织的内容库中。

Power BI与Cortana组件的集成

Cortana是Windows 10的一项功能，可为用户使用自然语言查询提供相关结果。Cortana可与Power BI集成，直接从Power BI仪表板和报表中提供相关信息。当用户将Cortana与Power BI集成，在每次查询Cortana时，Cortana也会查看Power BI仪表板和报表的相关关键词。

要将Power BI与Cortana套件集成，需要以下内容。
- 能运行Windows 10系统的1511版本或更高版本。
- 要打开Cortana功能。
- 一个Power BI账户。
- Azure Active Directory（Azure AD）/工作或学校账户。
- 配置一个或多个数据集，以便它们可以与Cortana一起使用。

创建Cortana回复页并发布

将Power BI与Cortana集成时，建议专门为Cortana设置报表的大小，这称为Cortana回复页面。

执行以下步骤，创建Cortana回复页面。

1. 打开要用作Cortana回复页面的PBIX文件。

2. 单击**格式**图标。

3. 展开"**页面大小**"折叠按钮。

4. 从"**页面大小**"下的"**类型**"下拉列表中选择**Cortana**选项。

5. 展开"**页面信息**"折叠按钮。

6. 在"**名称**"文本框中输入所需的报告名称。

7. 拖动滑块，将"**问答**"选项的状态更改为"开"。

Power BI与Cortana 组件的集成 — 109

8. 在**"问答"**选项下方的文本框中输入关键字/备用名称，如图3.81所示。

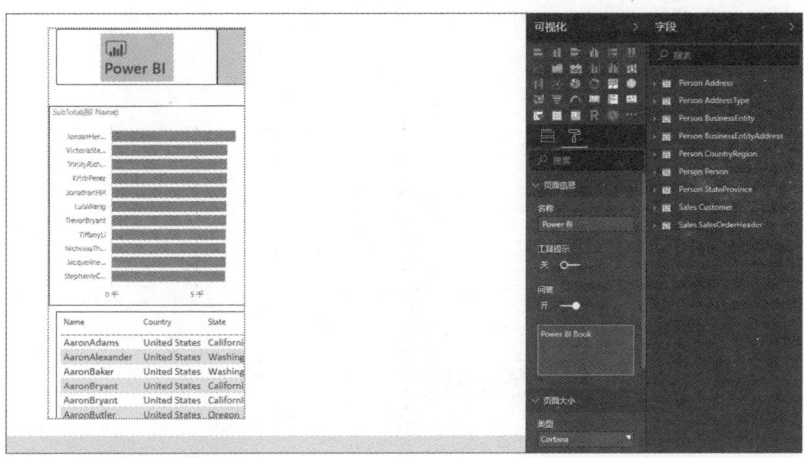

图3.81： 创建Cortana回复页

9. 单击**"保存"**按钮，保存更改。

10. 单击**"共享"**下的**"发布"**按钮，发布创建的报表。

　　出现**"登录"**对话框。

11. 在**登录**文本框中输入电子邮件地址。

12. 单击**"登录"**按钮，如图3.82所示。

图3.82： "登录"对话框

　　出现**"登录到您的账户"**对话框。

13. 在**"输入密码"**文本框中输入密码。

14. 单击**"登录"**按钮，如图3.83所示。

图3.83："登录到您的账户"对话框

出现"**发布到Power BI**"对话框。

15. 从**"选择一个目标"**列表框中选择所需目的地。

16. 单击**"选择"**按钮，如图3.84所示。

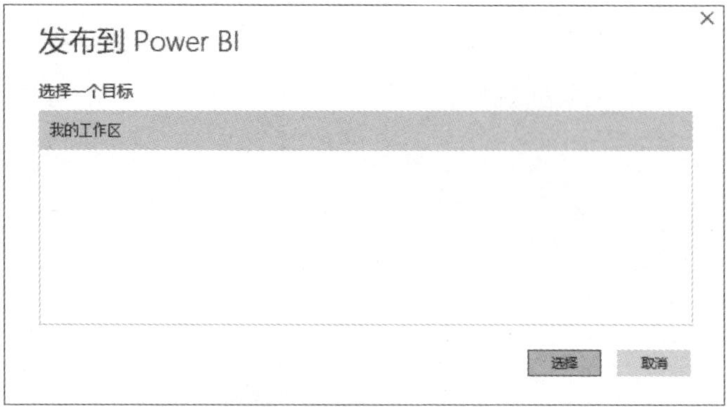

图3.84："发布到Power BI"对话框

17. 单击**"获取"**按钮，关闭对话框。

该报表现在已经发布到Power BI Service。

启用Cortana访问数据集

Cortana可以轻松访问Power BI报表。为此，用户需要选中"启用Cortana访问此数据集"复选框来启用报表的相关数据集。Power BI允许有权访问数据集的用户从Cortana获得答案。

执行以下步骤，启用Cortana访问数据集。

1. 浏览以下链接：https：//app.powerbi.com/。

   出现**"登录到你的账户"**对话框。

2. 在**"登录"**文本框中输入在Power BI Desktop中使用的电子邮件地址，以便发布报表。

3. 单击**"下一步"**按钮，如图3.85所示。

图3.85：登录账户

4. 在**"输入密码"**文本框中输入密码。

5. 单击**"登录"**按钮，如图3.86所示。

图3.86：登录到Power BI Service

6. 从左侧窗格中选择**"我的工作区"**选项。

7. 在右侧窗格中选择**"报表"**选项卡，可用报表显示在**"报表"**选项卡下。

8. 单击允许Cortana访问的报表名称旁边的**"查看相关"**（图标），如图3.87所示。

图3.87：单击"查看相关"图标

出现**"相关内容"**窗格，显示仪表板和数据集，如图3.88所示。

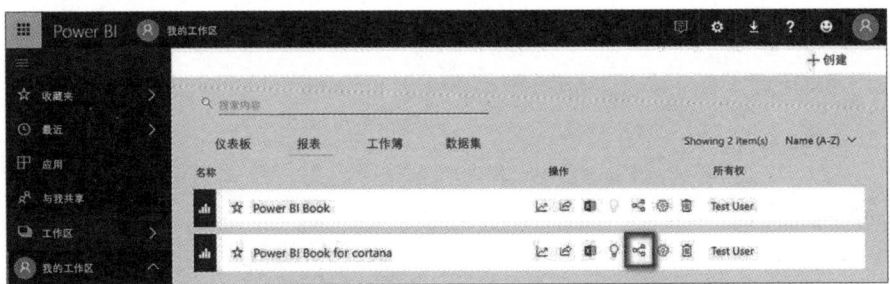

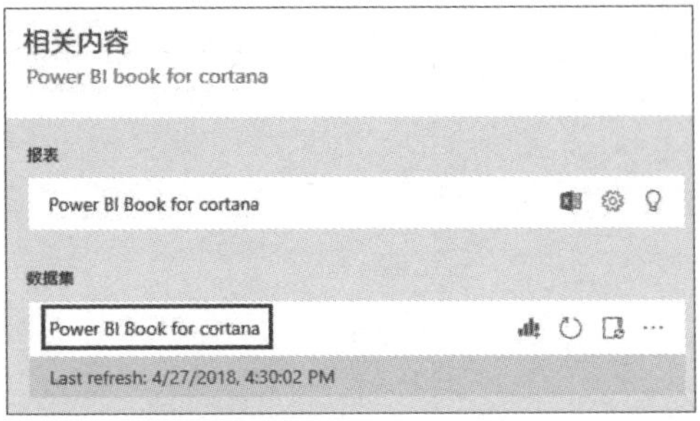

图3.88："相关内容"窗格

9. 单击**省略号**图标（…），出现一个下拉菜单。

10. 从下拉菜单中选择**"设置"**选项，如图3.89所示。

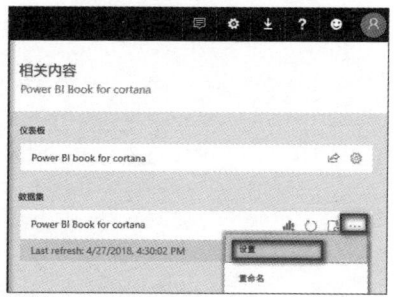

图3.89：选择"设置"选项

出现**"设置"**页面，其中包含所选数据集的相关设置。

11. 展开**"Q&A和Cortana"**选项。

12. 勾选**"允许Cortana访问此数据集"**复选框。

13. 单击**"应用"**按钮，Cortana即可访问数据集了。

将Power BI凭据添加到Windows 10

如前文所述，Cortana是Windows 10的一项功能。因此，用户需要通过Power BI凭据连接到Windows 10，以便将Power BI与Cortana集成。此操作需要Windows 10 1511或更高版本的系统。

提示

用户可以通过导航到"开始→设置→系统→关于"面板来查看自己计算机的Windows 10版本。"关于"页面显示Windows规范部分下的Windows版本。

执行以下步骤，将Power BI凭据添加到Windows 10。

1. 单击**"开始"**按钮，出现**开始**菜单。

2. 单击"**设置**"图标,如图3.90所示。

图3.90:单击"设置"图标

出现"**设置**"面板。

3. 单击"**账户**"链接,如图3.91所示。

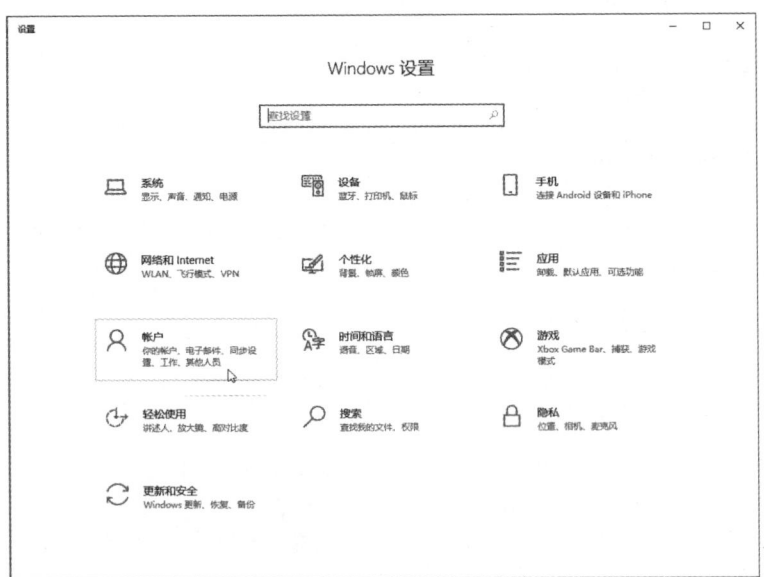

图3.91:单击"账户"链接

出现相关账户设置面板。

4. 在**"账户"**选项区域选择**"连接工作或学校账户"**选项，**"连接工作或学校账户"**面板将显示在右侧窗格中。

5. 单击**"连接"**按钮，如图3.92所示。

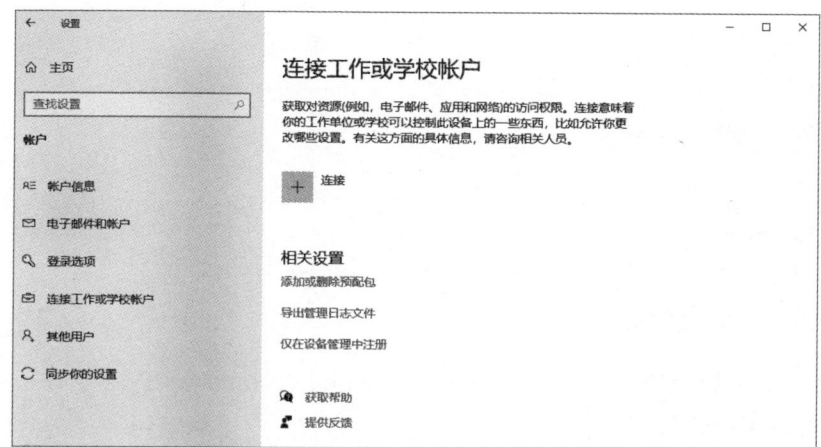

图3.92：单击"连接"按钮

出现Microsoft账户窗口。

6. 在**"电子邮件地址"**文本框中输入电子邮件地址。

7. 单击**"下一步"**按钮。

   出现下一页面。

8. 在**"输入密码"**文本框中输入密码。

9. 单击**"登录"**按钮。

   用户此时已使用指定的凭据连接，如图3.93所示。

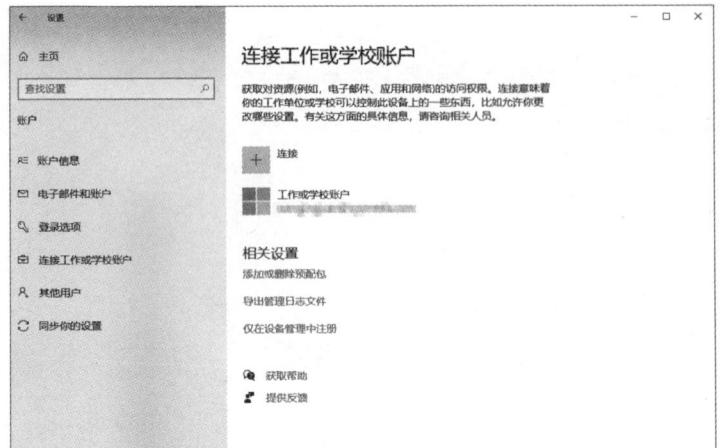

图3.93：显示新账户

通过Cortana访问报表

创建新账户后，可以切换到Power BI账户来通过Cortana访问Power BI报表，如图3.94所示。

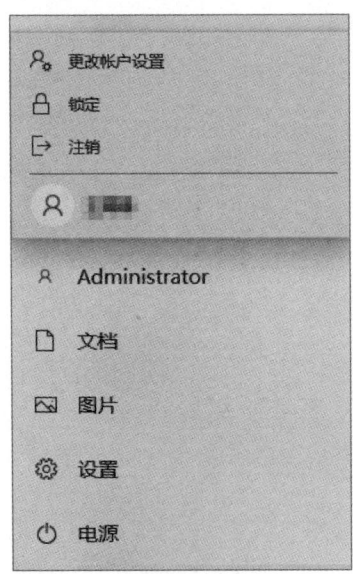

图3.94：切换到Power BI 账户

执行以下步骤，通过Cortana访问Power BI报表。

1. 按下键盘上的**Windows + S**组合键。

2. 在"**在此处键入**"文本框中键入所需的关键字。在示例中，我们键入了**Leads revenue by Employee**。

在键入关键字时，关联的Power BI报表将显示在Cortana搜索框中，如图3.95所示。

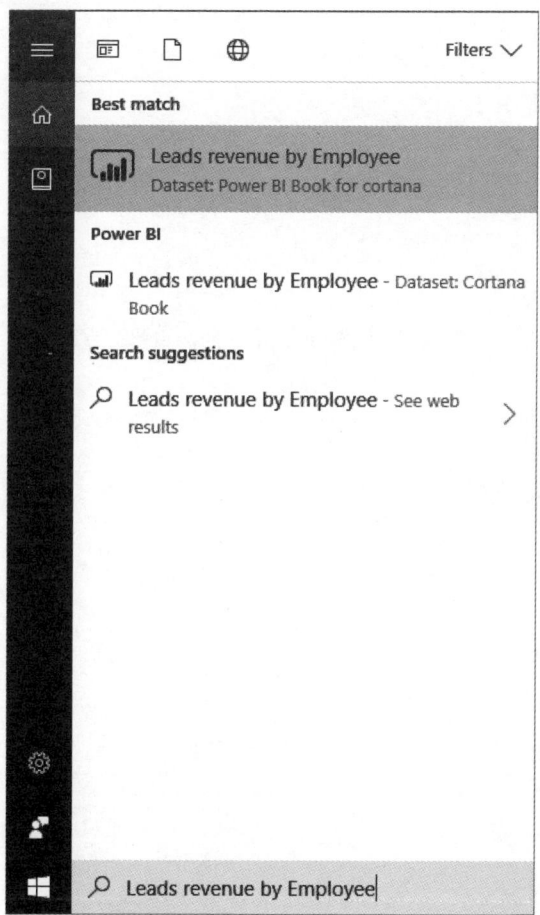

图3.95： 显示搜索结果

3. 单击报表，报表的视觉对象显示在Cortana搜索框中，如图3.96所示。

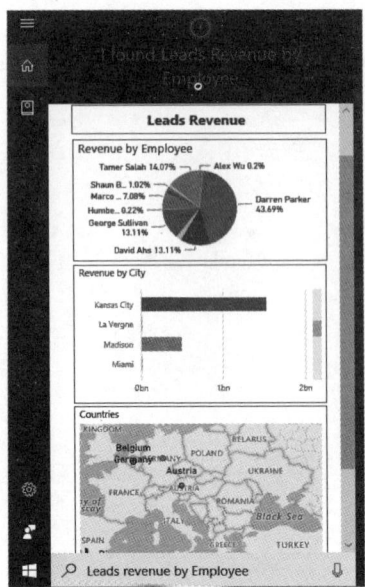

图3.96：显示报表的视觉对象

4. 单击"**在Power BI中打开**"链接，将会报表在Power BI中打开，如图3.97所示。

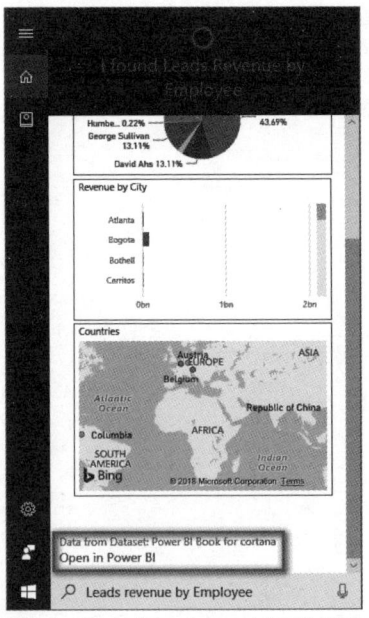

图3.97：单击"在Power BI中打开"链接

所选报表将在Power BI Service中打开,如图3.98所示。

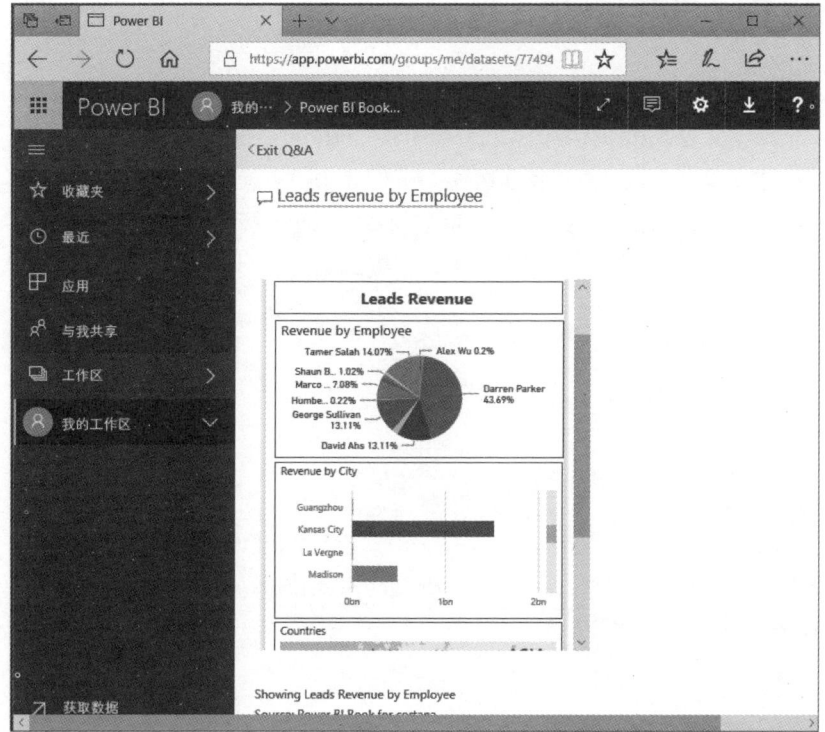

图3.98:在Power BI Service中打开报表

总结

Power BI是一种商业智能的报表工具,允许用户创建直观的报表,支持许多数据源,包括Excel、SQL Server、PostgreSQL、Dynamics CRM和MySQL。本章重点介绍如何将Power BI与SQL Server集成,讨论了使用导入选项和DirectQuery选项,从SQL Server将数据导入到Power BI。此外,还详细阐述了建立表格之间关系的选项。本章深入探讨了如何使用DAX表达式以及如何创建计算列和计算表,还熟悉了通过"导入"选项和DirectQuery选项将数据加载到Power BI来创建报表的过程。在安装了SQL Server的计算机上设置网关,这是一款允许用户访问位于本地系统或网络上的数据,以便以后可以在云服务中使用的软件。本章还深入介绍了Power BI中数据刷新的内容,并逐步介绍如何创建内容包。本章的最后一部分详细介绍了Power BI与Cortana集成的有关内容。

第 4 章
开源堆栈上的 Power BI

PostgreSQL是以加州大学伯克利分校计算机科学系开发的POSTGRES为基础的开源对象——关系型数据库管理系统（ORDBMS）。使用PostgreSQL这个名字就是要突出POSTGRES和SQL之间的关系。这意味着PostgreSQL支持大量SQL标准。此外，PostgreSQL还支持以下功能。

- 触发器
- 视图
- 复杂的查询
- 外键
- 交互完整性
- 并发控制

本章将逐步介绍如何将Power BI与PostgreSQL集成，并通过PostgreSQL数据库在Power BI中创建报表。

将PostgreSQL与Power BI集成

如前1章所述，Power BI是一种商业智能的报表工具，可与数百个数据源集成。而PostgreSQL是目前最先进的开源数据库，用户可以将PostgreSQL与Power BI集成，分析数据，并进行可视化，根据可用数据创建交互式报表。

要将PostgreSQL与Power BI集成，用户需要建立以下功能。
- PostgreSQL
- PostgreSQL数据库
- Npgsql连接器
- Power BI Desktop

下载并安装Npgsql连接器

Npgsql是一个开源的ADO.NET数据提供程序或连接器，允许Power BI用户连接到PostgreSQL数据库。

执行以下步骤，下载并安装Npgsql连接器。

1. 访问以下链接下载最新版本的Npgsql：https://github.com/npgsql/Npgsql/releases。

2. 单击**Npgsql-3.2.7.msi**链接，下载.msi文件。

   所选文件将下载并显示在计算机上的**"下载"** 文件夹中。

3. 导航到**"下载"** 文件夹并找到下载的文件。

4. 双击**Npgsql-3.2.7.msi**文件。

   "Npgsql 3.2.7 Setup"向导出现"Welcome to the Npgsql 3.2.7 Setup Wizard"界面。

5. 单击"下一步"按钮开始安装，如图4.1所示。

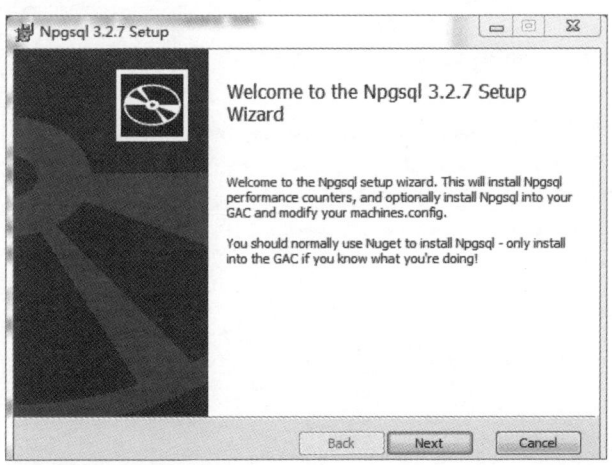

图4.1：Npgsql 3.2.7安装向导

出现**End-User License Agreement**界面

6. 勾选**"I accept the terms in the License Agreement**复选框。

7. 单击**Next**按钮继续安装，如图4.2所示。

图4.2：接受许可协议中的条款

出现 Custom Setup界面。

8. 单击 **Npgsql GAC Installation**" 按钮，出现一个选项列表。

9. 选择**Entire feature will be installea on local hard drive**选项。

10. 单击**Next**按钮，如图4.3所示。

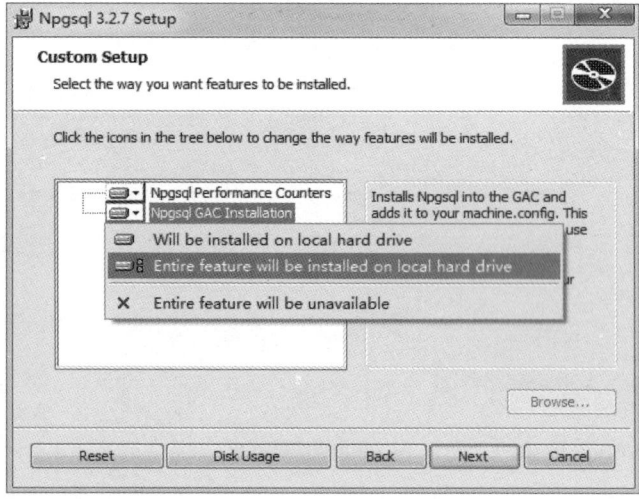

图4.3：自定义安装页面

出现**Ready to inctall Npgsql 3.2.7**界面。

11. 单击**Install**按钮，如图4.4所示。

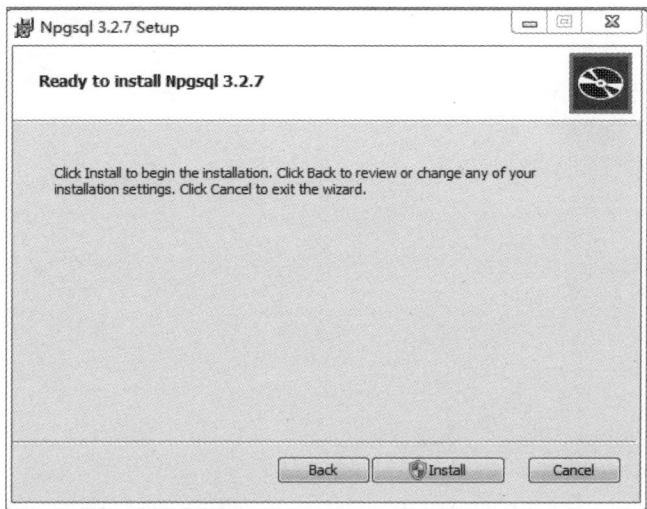

图4.4： 准备安装3.2.7界面

Installing Npgsql 3.2.7界面显示了Npgsql 3.2.7的安装进度，如图4.5所示。

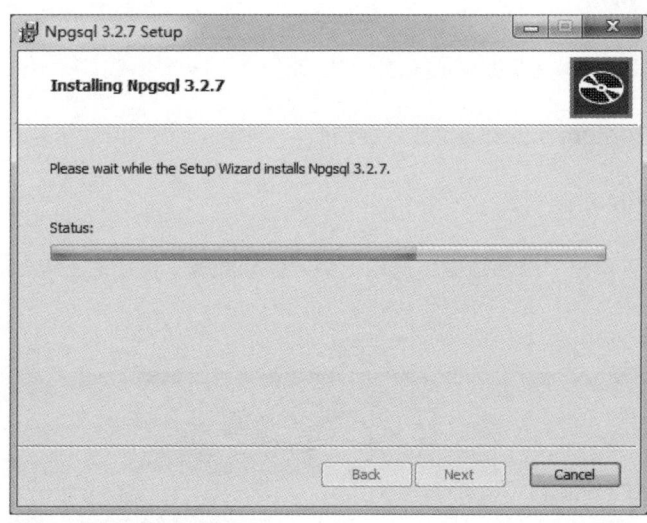

图4.5： 正在安装Npgsql 3.2.7

出现**Completed the Npgsql 3.2.7 Setup Wizard**页面。

12. 单击**Finish**按钮，退出Npgsql 3.2.7 安装向导，如图4.6所示。

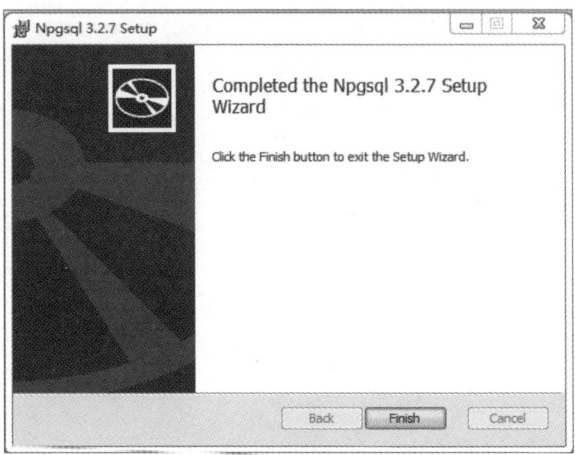

图4.6：Npgsql 3.2.7 安装向导完成界面

单击Finish按钮后，连接器已成功安装。

将数据导入Power BI

创建报表过程中的首要任务是将数据从PostgreSQL导入到Power BI。

执行以下步骤，从PostgreSQL数据库中获取数据。

1. 启动 Power BI Desktop。

2. 在**"开始"**选项卡下单击**"外部数据"**选项组中**"获取数据"**按钮的上半部分，如图4.7所示。

图4.7：单击"获取数据"按钮上半部分

出现"获取数据"对话框。

3. 从左侧列表中选择**"全部"**选项。

4. 从右侧面板中选择**"PostgreSQL数据库"**选项。

5. 单击**"连接"**按钮,如图4.8所示。

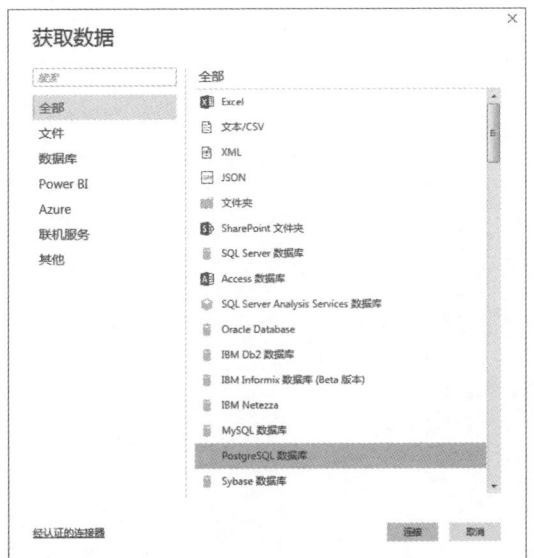

图4.8:连接到PostgreSQL数据库

出现**"PostgreSQL数据库"**对话框。

6. 在**"服务器"**文本框中输入服务器的名称。

7. 在**"数据库"**文本框中输入数据库的名称。

8. 单击**"确定"**按钮,如图4.9所示。

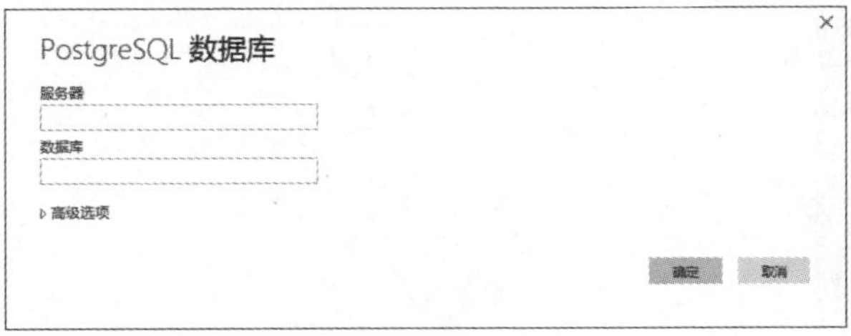

图4.9:"PostgreSQL数据库"对话框

出现"**导航**"对话框。

9. 从"**显示选项**"选项列表中勾选要导入到Power BI中的表格，最后选择的表将显示在"**导航**"对话框的右侧面板中。

10. 单击"**加载**"按钮，如图4.10所示。

图4.10：将表加载到Power BI

选定的表格加载到Power BI Desktop并显示在**FIELDS**窗格中，如图4.11所示。

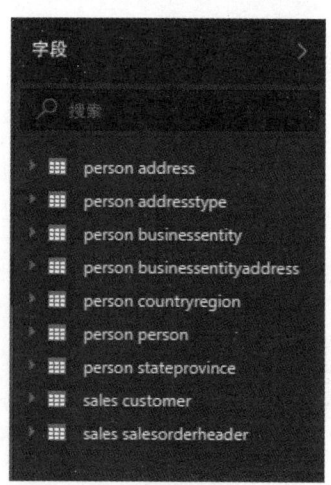

图4.11：显示加载的表格

数据建模

将数据表加载到Power BI后，用户需要对数据进行整合，以便可以使用它创建直观的报表。Power BI中数据的整合方式被称为数据建模。例如，如果用户有来自不同数据源的多个表，则需要在这些表之间创建关系以使用这些表中的数据。用户可能还需要更改列的数据类型，添加或删除新列或行，创建计算列，该列根据其他列中可用的数据返回结果，创建度量值并创建计算表。所有这些操作都属于数据建模。

本节包括以下内容。
- 创建表之间的关系。
- 介绍数据分析表达式。
- 创建计算列。

创建表之间的关系

创建表之间的关系类似于第2章中讨论的过程。用户可以使用自动检测功能自动创建表之间的关系，也可以手动创建。用户还可以根据需要编辑表之间的关系，可以在**"关系"**视图查看表之间已创建的关系。

使用自动检测功能

执行以下步骤，使用自动检测功能创建关系。

1. 单击**"开始"**选项卡**"关系"**部分下的**"管理关系"**按钮，如图4.12所示。

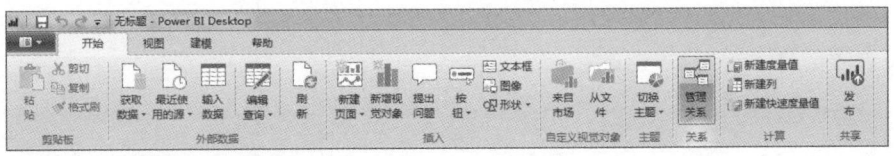

图4.12：单击"管理关系"按钮

出现**"管理关系"**窗口。

2. 单击**"自动检测"**按钮自动检测关系，如图4.13所示。

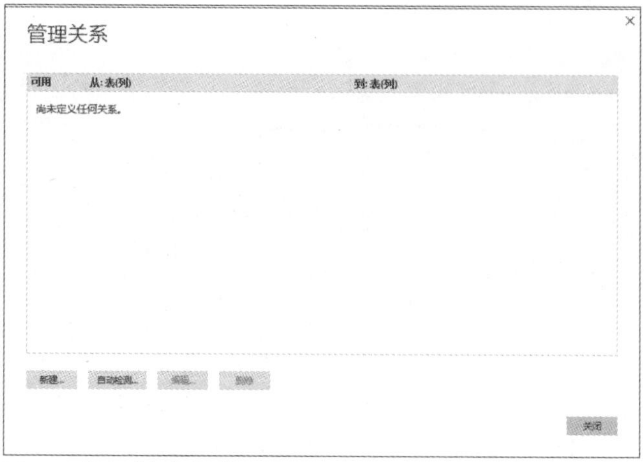

图4.13：单击"自动检测"按钮

"**检测关系**"消息框显示检测表之间关系的进度。检测完成后，出现"**自动检测**"消息框。

3. 单击"**关闭**"按钮，关闭"**自动检测**"消息框。

    出现"**管理关系**"对话框，显示不同表之间的关系，如图4.14所示。

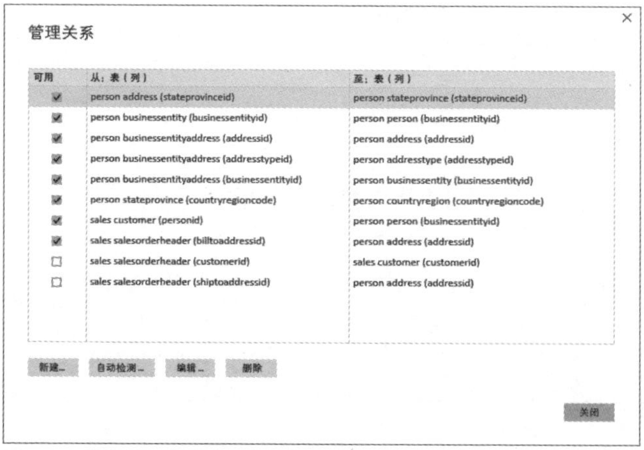

图4.14：带有关系的"管理关系"对话框

在上图中，可以看到每个成功检测到的关系在"**可用**"列中都有可用复选框。

4. 单击**"关闭"**按钮，关闭**"管理关系"**对话框。

用户可以在**"关系"**视图中看到表之间的关系，如图4.15所示。

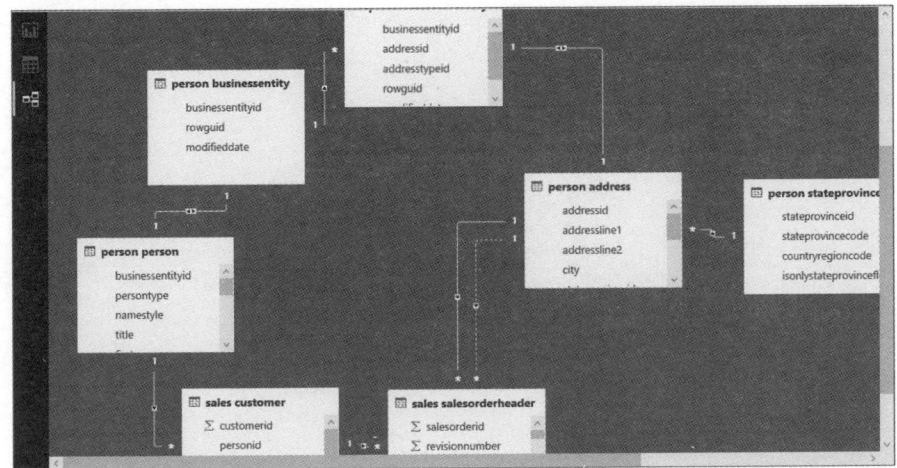

图4.15：在关系视图中查看关系

手动创建关系

请注意，自动检测功能不会检测所有表之间的所有关系。因此，要在自动检测功能遗漏的表之间创建关系，用户需要手动创建关系。执行以下几个步骤，手动创建关系。

1. 在**"开始"**选项卡下的**"关系"**选项组中单击**"管理关系"**按钮，出现**"管理关系"**对话框。

2. 单击**"新建"**按钮，手动创建关系，出现**"创建关系"**对话框。

3. 从第一个下拉列表中选择所需的表，出现与所选表关联列的列表。

4. 选择要与另一列关联的列。

5. 从第二个下拉列表中选择另一个表，出现与所选表关联列的列表。

6. 选择要与第一个表中所选列进行关联的列。

7. 从**"基数"**下拉列表中选择所需选项来指定关系的基数。

8. 从"**交叉筛选方向**"下拉列表中选择所需选项。

9. 勾选"**激活此关系**"复选框，激活关系。

10. 单击"**确定**"按钮，如图4.16所示。

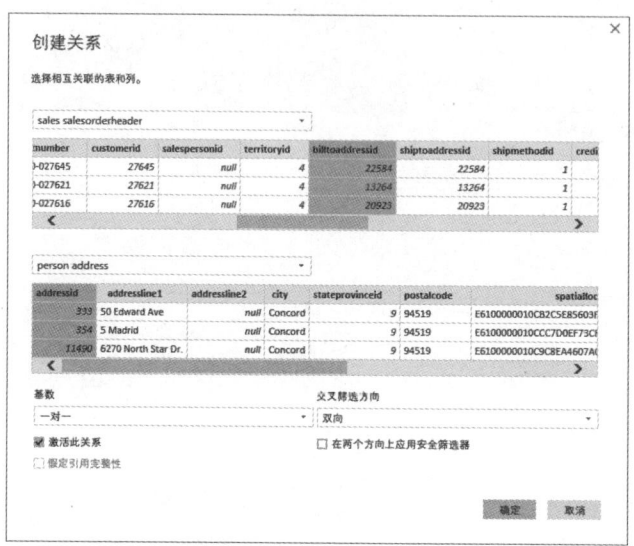

图4.16：创建关系对话框

出现"管理关系"对话框并显示新关系。

1. 单击"关闭"按钮，关闭"管理关系"对话框。

2. 单击"关系"视图，分析所选表之间的关系。

提示

基数是表之间的关系程度，是指第一个表的出现次数链接到第二个表的次数。交叉筛选器方向指应用于关系表的筛选器的方向。

数据分析表达式

数据分析表达式（DAX）是一个表达式（一组函数、常量和运算符），用于对模型中可用的数据应用计算。这些用来计算的数据可用于创建视觉对象。DAX

表达式通常用于创建计算列和计算表。DAX共有三个元素，包括语法、函数和上下文。

创建计算列

计算列是应用了计算的列，这些计算运用了DAX公式。例如，如果我们有一个包含员工详细信息的表，包括姓、名字、地址、电话号码和入职日期等信息，而我们想在报表里获取每个员工的全名，就可以创建一个计算列，通过使用DAX公式连接两个字符串，获得每个员工的全名。创建计算列后，我们可以在报表中使用它，就像使用其他列一样。创建的计算列和其他列类似，也显示在字段窗格中。用户还可以为计算列命名。

执行以下步骤，创建连接FirstName和LastName字段的计算列。

1. 在**"建模"**选项卡下单击**"计算"**选项组的**"新建列"**按钮。新的列被添加到**"字段"**窗格的选定表中，公式栏将显示在报表画布上方，如图4.17所示。

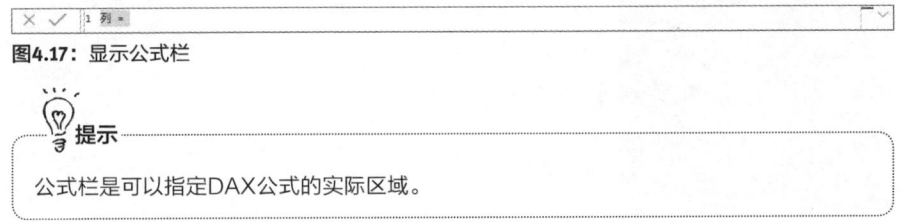

图4.17： 显示公式栏

> **提示**
>
> 公式栏是可以指定DAX公式的实际区域。

2. 在公式栏中输入DAX公式，如图4.18所示。

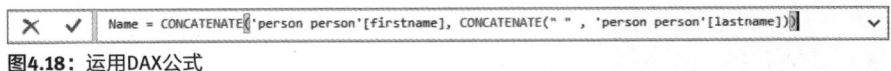

图4.18： 运用DAX公式

从上图中可以看出：

a. Name是计算列的名称。

b. CONCATENATE是连接两个字符串的函数的名称。

c. person person [FirstName]表示person person表中的FirstName列。

d. person person [LastName]表示person person 表中的LastName列。

3. 单击**确定**（☑）图标接受更改。

单击**确定**（☑）图标后，计算列已创建，出现在所选表的字段窗格中，如图4.19所示。

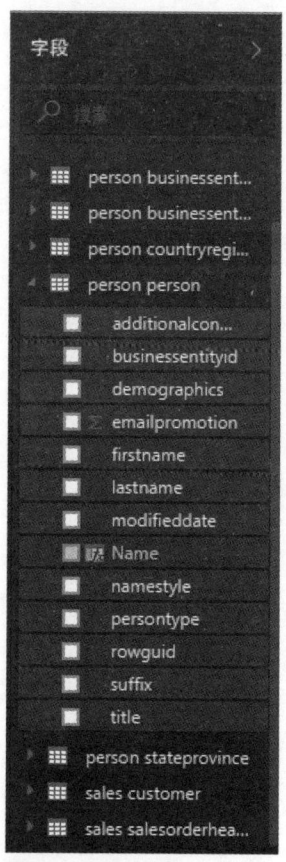

图4.19：显示计算列

通过从**"可视化"**窗格中选择所需的视觉对象，并从**"字段"**窗格选择要在视觉对象处展示的字段，便可以查看计算列的视觉对象，如图4.20所示。

firstname	lastname	Name
A.	Leonetti	A. Leonetti
A.	Wright	A. Wright
A. Scott	Wright	A. Scott Wright
Aaron	Adams	Aaron Adams
Aaron	Alexander	Aaron Alexander
Aaron	Allen	Aaron Allen
Aaron	Baker	Aaron Baker
Aaron	Bryant	Aaron Bryant
Aaron	Butler	Aaron Butler
Aaron	Campbell	Aaron Campbell
Aaron	Carter	Aaron Carter
Aaron	Chen	Aaron Chen
Aaron	Coleman	Aaron Coleman

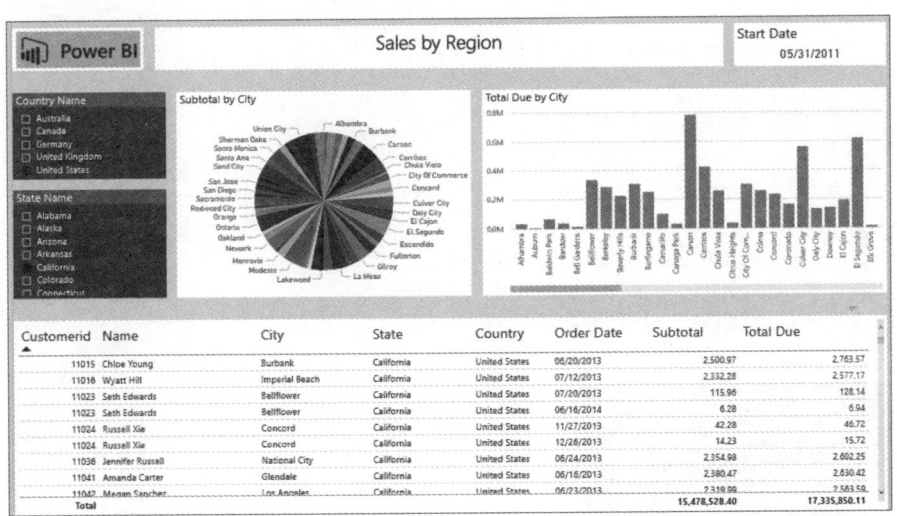

图4.20：为计算列创建视觉对象

创建报表

完成从Postgrel数据库提取数据并应用数据建模后，用户可以在Power BI Desktop中创建包含视觉对象的报表。我们已创建一个报表，如图4.21所示。

图4.21：创建报表

为了创建上述报表，我们执行了以下任务。

1. 设置报表页面详细信息。

a. 单击**格式**（ ）图标。

b. 展开**"页面信息"**选项区域，出现相关选项。

c. 在**"名称"**文本框中输入报表页面的名称，如图4.22所示。

图4.22：与页面信息相关的设置

d. 展开**"页面大小"**选项区域。

e. 从**"类型"**下拉列表中选择页面大小。

f. 展开**"页面背景"**选项。

g. 单击**"颜色"**下拉按钮，出现**"主题颜色"**调色板。

h. 从**"主题颜色"**调色板中选择颜色。

i. 将**"透明度"**设置为0%，如图4.23所示。

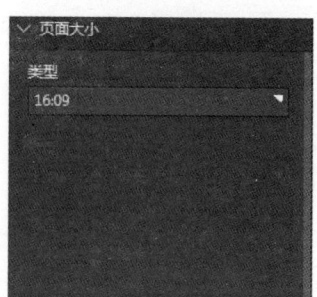

图4.23：报表页面详细信息设置

2. 添加并格式化图像（Power BI图标）。

   a. 在**"开始"**选项卡的**"插入"**选项组中单击**"图像"**按钮，出现**"打开"**对话框。

   b. 导航到图像保存的位置。

   c. 选择图像。

   d. 单击**"打开"**按钮，所选图像将插入到报表页面，出现**"格式图像"**窗格。

   e. 展开**"缩放"**选项区域。

   f. 从**"缩放"**下拉列表中选择**"正常"**选项。

   g. 拖动**"背景"**选项的滑块，将其状态更改为**"开"**。

   h. 展开**"背景"**选项区域，查看与背景相关的设置。

   i. 单击**"颜色"**下拉按钮，出现**"主题颜色"**调色板。

   j. 从**"主题颜色"**调色板中选择颜色。

   k. 将**"透明度"**设置为**0%**，如图4.24所示。

图4.24：设置缩放比例和背景

l. 展开**"常规"**选项区域，出现相关设置。

m. 在**"宽度"**数值框中设置宽度值。

n. 在**"高度"**数值框中设置高度值，如图4.25所示。

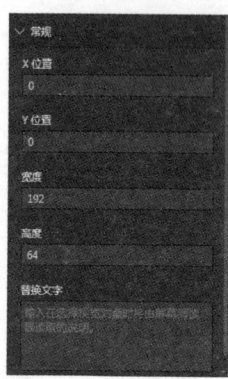

图4.25：显示与常规选项相关的设置

3. 添加并格式化文本框。

    a. 在**"开始"**选项卡的**"插入"**选项组中单击**"文本框"**按钮，将插入一个文本框，并显示格式工具栏。

    b. 输入**Sales by Region**文本。

    c. 选择文本。

    d. 从格式工具栏的**"字体"**下拉列表中选择字体。

    e. 从格式工具栏的**"字体大小"**下拉列表中选择字体大小。

    f. 单击**B**按钮，将所选文本设为粗体。

    g. 单击**"居中"**按钮将文本居中，如图4.26所示。

图4.26：格式化工具栏

h. 在"**可视化**"窗格中拖动"**背景**"选项的滑块，状态改为"**开**"。

i. 展开"**背景**"选项区域，查看与背景相关的设置。

j. 单击"**颜色**"下拉按钮，出现"**主题颜色**"调色板。

k. 从"**主题颜色**"调色板中选择颜色。

l. 将"**透明度**"设置为0%。

m. 展开"**常规**"选项区域，出现相关设置。

n. 在"**X位置**""**Y位置**""**宽度**"和"**高度**"文本框设置相关的值，如图4.27所示。

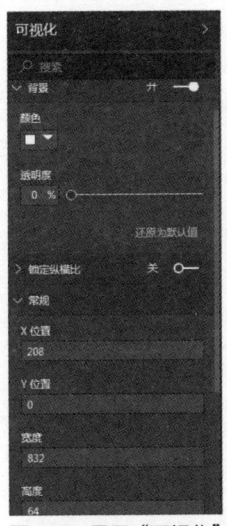

图4.27：显示"可视化"窗格的相关设置

4. 添加并格式化卡片图视觉对象。

　　a. 单击"**可视化**"窗格中的"**卡片图**"，选定的视觉对象出现在报表页面中。

　　b. 将**sales salesorderheader**表中的**orderdate**字段拖到"**字段**"中的 值处。

　　c. 单击"**字段**"下拉按钮，出现上下文菜单。

d. 从上下文菜单中选择**"最早"**选项，用户在报告插入的卡片视觉对象开始显示最早的日期。

e. 单击**"格式"**图标，进行格式设置。

f. 展开**"数据标签"**选项区域并指定设置，如图4.28所示。

图4.28：指定数据标签设置

g. 拖动**"标题"**选项的滑块，状态改为**"开"**。

h. 展开**"标题"**选项区域，进行相关设置，如图4.29所示。

图4.29：显示与标题选项相关的设置

i. 拖动**"背景"**选项滑块，状态改为**"开"**。

　　　j. 设置颜色和透明度，如图4.30所示。

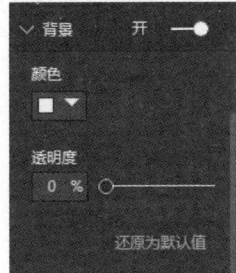

图4.30： 显示背景设置

　　　k. 展开**"常规"**选项区域，进行相关设置，如图4.31所示。

图4.31： 显示常规设置

5. 添加切片器视觉对象，显示国家名称。

　　a. 从**"可视化"**窗格中单击**"切片器"**视觉对象，选定的视觉对象出现在报表页面中。

　　b. 将**person countryregion**表中的**name**字段拖到**"字段"**中的值处。

　　c. 将**person countryregion**表中的**countryregioncode**字段拖到**"报告级别筛**

选器"。

d. 从**"筛选类型"**下拉列表中选择**"基本筛选"**选项。

e. 勾选country region code旁边的复选框,所选复选框的名称将显示在**"报告级别筛选器"**下,如图4.32所示。

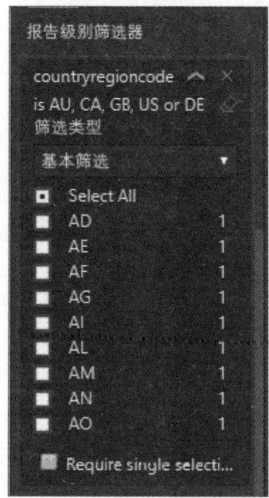

图4.32: 应用基本筛选

f. 单击**"格式"**图标,设置格式。

g. 展开**"常规"**选项区域,进行相关设置,如图4.33所示。

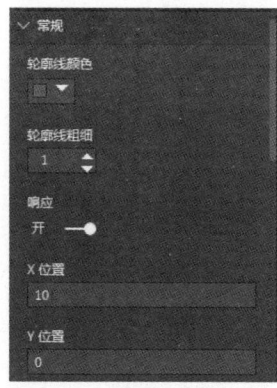

图4.33: 显示常规选项的设置

h. 展开**"切片器标头"**选项区域，进行相关设置，如图4.34所示。

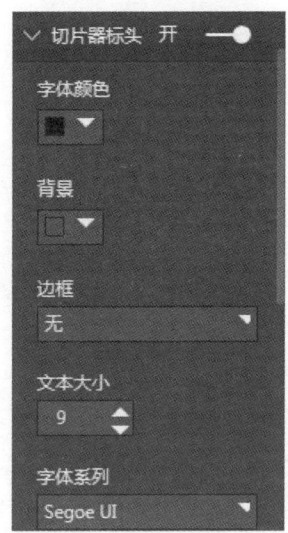

图4.34：切片器标头设置

i. 拖动**"标题"**选项的滑块，状态改为**"开"**。

j. 确定与**"标题"**选项相关的设置，如图4.35所示。

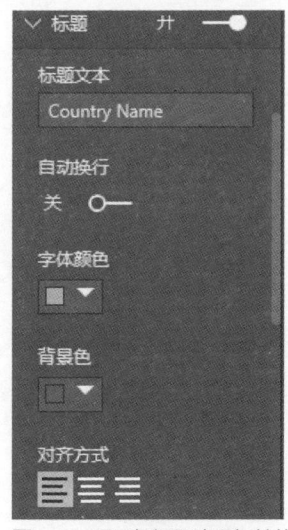

图4.35：显示与标题选项相关的设置

k. 拖动**"背景"** 选项的滑块，状态改为**"开"**。

l. 确定与**"背景"** 选项相关的设置，如图4.36所示。

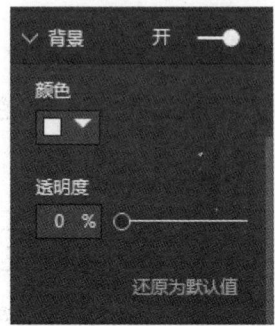

图4.36：显示与背景选项相关的设置

6. 添加切片器视觉对象，显示在**"国家"** 切片器中所选国家的**"洲"** 的名称。

   a. 从**"可视化"** 窗格中单击**"切片器"** 视觉对象，选定的视觉对象出现在报表页面中。

   b. 将**person stateprovince**表中的**name**字段拖到**"字段"** 中的值处。

   c. 单击**"格式"** 图标，设置格式。

   d. 展开**"常规"** 选项区域，进行相关设置，如图4.37所示。

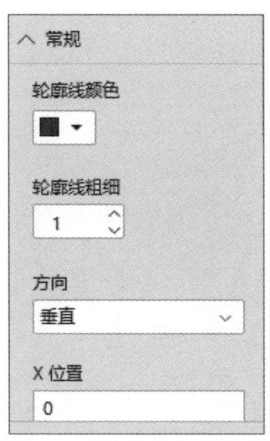

图4.37：显示常规选项的设置

e. 展开**"切片器标头"**选项区域，进行相关设置，如图4.38所示。

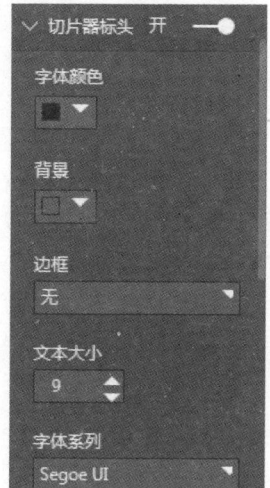

图4.38：切片器标头设置

f. 拖动**"标题"**选项的滑块，状态改为**"开"**。

g. 确定与**"标题"**选项相关的设置，如图4.39所示。

图4.39：显示与标题选项相关的设置

h. 拖动**"背景"**选项的滑块，状态改为**"开"**。

i. 确定与**"背景"**选项相关的设置，如图4.40所示。

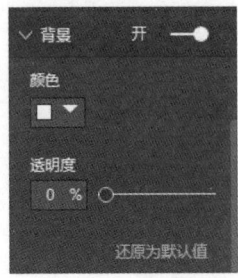

图4.40：显示与背景选项相关的设置

7. 添加饼图视觉对象，对按"城市"进行筛选的"总和"进行可视化，并进行格式化。

   a. 从**"可视化"**窗格中单击**"饼图"**视觉对象，选定的视觉对象出现在报表页面中。

   b. 将**person address**表中的**city**字段拖到**"图例"**处。

   c. 将**sales salesorderheader**表中的**subtotal**字段拖到"值"处。

   d. 单击**"格式"**图标，设置格式。

   e. 拖动**"标题"**选项的滑块，状态改为**"开"**。展开"标题"选项区域并进行相关设置，如图4.41所示。

图4.41：显示与标题选项相关的设置

f. 拖动**"背景"**选项的滑块，状态改为**"开"**。

g. 确定与**"背景"**选项相关的设置，如图4.42所示。

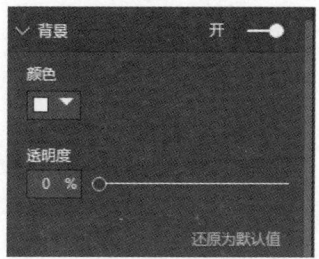

图4.42：显示与背景选项相关的设置

h. 展开**"常规"**选项区域，进行相关设置，如图4.43所示。

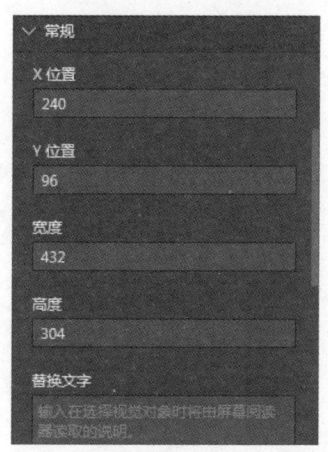

图4.43：显示与常规选项相关的设置

8. 添加簇形柱状图视觉对象，对按照"城市"筛选的"总应收"进行可视化，并格式化。

a. 从**"可视化"**窗格中单击**"簇形柱状图"**视觉对象，选定的视觉对象出现在报表页面中。

b. 将**person address**表中的**city**字段拖到**"轴"**处。

c. 将**sales salesorderheader**表中的**totaldue**字段拖到**"值"**处。

d. 单击**"格式"**图标，设置格式。

e. 展开**"常规"**选项区域，进行相关设置，如图4.44所示。

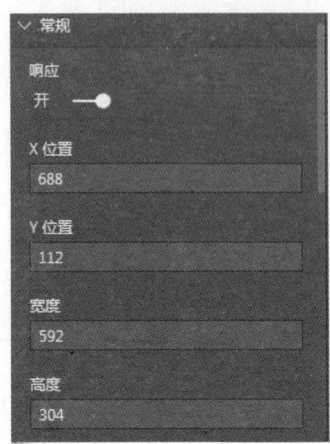

图4.44：显示与常规选项相关的设置

f. 拖动**"标题"**选项的滑块，状态改为**"开"**。展开"标题"选项区域并进行相关设置，如图4.45所示。

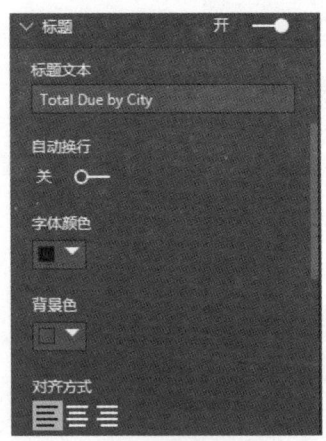

图4.45：显示与标题选项相关的设置

g. 拖动**"背景"**选项的滑块，状态改为**"开"**。

h. 确定与**"背景"**选项相关的设置，如图4.46所示。

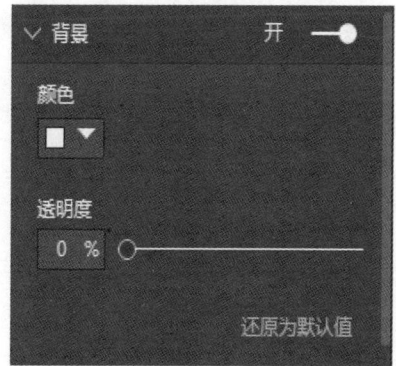

图4.46：显示与背景选项相关的设置

9. 添加一个表格，显示每位客户的**"总计"**和**"总应收"**的详细信息。

   a. 从**"可视化"**窗格中单击**"表"**，选定的视觉对象出现在报表页面中。

   b. 将**sales salesorderheader**表中的**customerid**字段拖到**"值"**处，将**customerid**重命名为**Customerid**。

   c. 将**person**表中的**Name**字段拖到**"值"**处。

   d. 将**person address**表中的**city**字段拖到**"值"**处，将**city**重命名为**City**。

   e. 将**person stateprovince**表中的**name**字段拖到**"值"**处，将**name**重命名为**State**。

   f. 将**person countryregion**表中的**name**字段拖到**"值"**处，将**name**重命名为**Country**。

   g. 将**sales salesorderheader**表中的**orderdate**字段拖到**"值"**处，将**orderdate**重命名为**Order date**。

   h. 将**sales salesorderheader**表中的**subtotal**字段拖到**"值"**处，将**subtotal**重命名为**Subtotal**。

   i. 将**sales salesorderheader**表中的**totaldue**字段拖到**"值"**处，将**totaldue**重命名为**Total Due**，如图4.47所示。

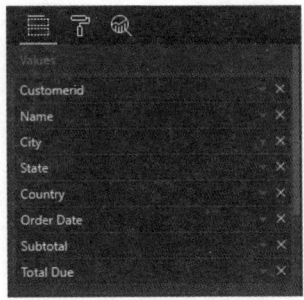

图4.47：为表视觉对象添加值

j. 单击**"格式"**图标，设置格式。

k. 展开**"常规"**选项区域，进行相关设置，如图4.48所示。

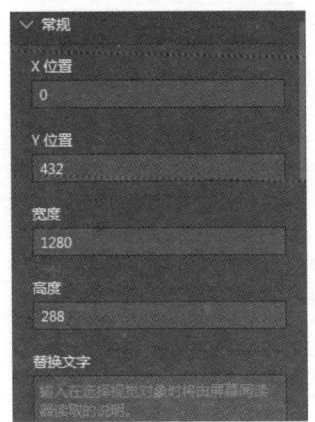

图4.48：显示与常规选项相关的设置

l. 展开**"样式"**选项区域，从**"样式"**下拉菜单列表中选择**"差异最小"**选项，如图4.49所示。

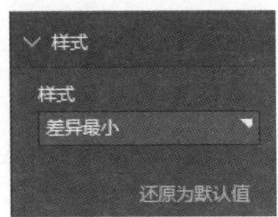

图4.49：设置表样式

m. 展开**"网格"**选项区域，进行相关设置，如图4.50所示。

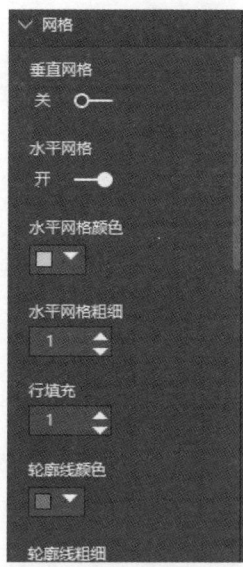

图4.50： 显示与网格选项相关的设置

n. 展开**"列标题"**选项区域，进行相关设置，如图4.51所示。

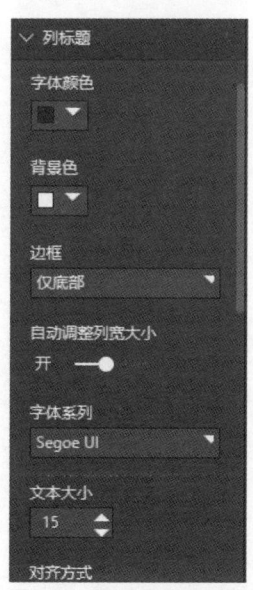

图4.51： 显示与列标题选项相关的设置

o. 展开**"值"**选项区域,进行相关设置,如图4.52所示。

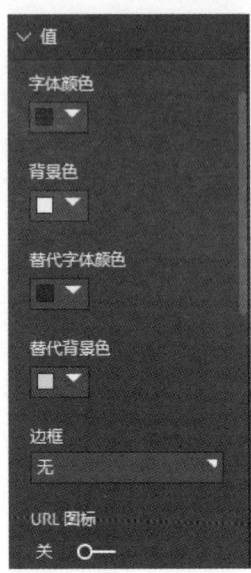

图4.52:显示与值选项相关的设置

p. 展开**"总计"**选项区域,进行相关设置,如图4.53所示。

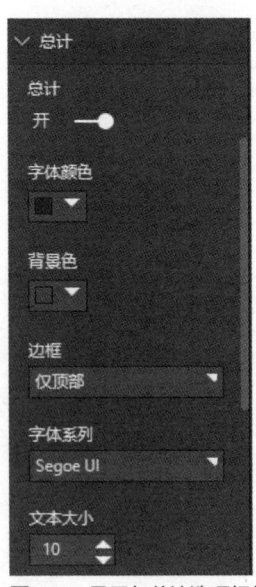

图4.53:显示与总计选项相关的设置

q. 拖动**"背景"**选项的滑块，状态改为**"开"**，展开**"背景"**选项区域并进行相关设置，如图4.54所示。

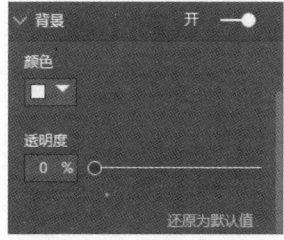

图4.54：显示与背景选项相关的设置

保存报表

定期保存报表是个好习惯，执行以下步骤保存报表。

1. 在功能区选择**"文件"**选项卡，出现后台视图。

2. 在后台视图选择**"另存为"**选项，出现**"另存为"**对话框。

3. 选择要保存报表的位置。

4. 在**"文件名"**文本框中输入报表名称。

5. 单击**"保存"**按钮，如图4.55所示。

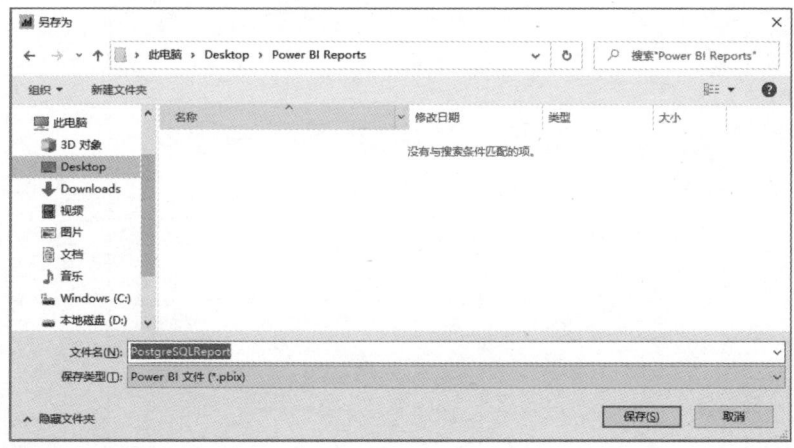

图4.55：保存报表

报表以所选名称被保存。

发布报表

用户可以将在Power BI Desktop中创建的报表发布到Power BI Service供其他人使用。

执行以下步骤发布报表。

1. 在Power BI Desktop中打开报表。

2. 在"**开始**"选项卡的"**共享**"选项组中单击"**发布**"按钮,如图4.56所示。

图4.56:发布报表

出现"**发布到Power BI**"对话框。

3. 从"**选择一个目标**"列表框中选择目的地。

4. 单击"**选择**"按钮,如图4.57所示。

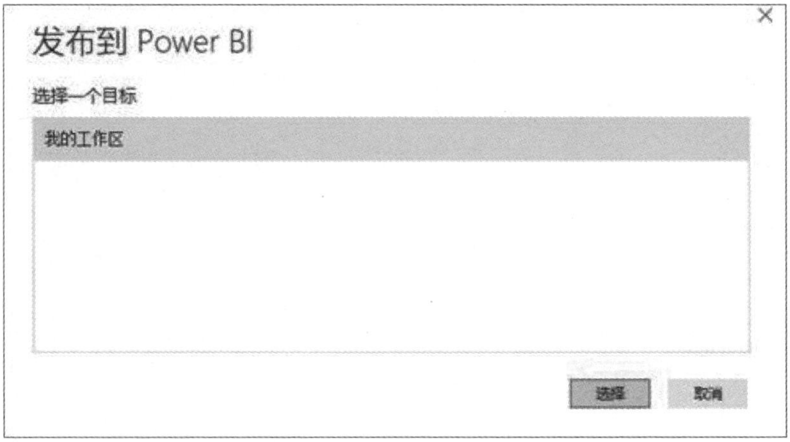

图4.57:"发布到Power BI"对话框

出现**"发布到Power BI"**消息框，显示报表发布到Power BI的进度，如图4.58所示。

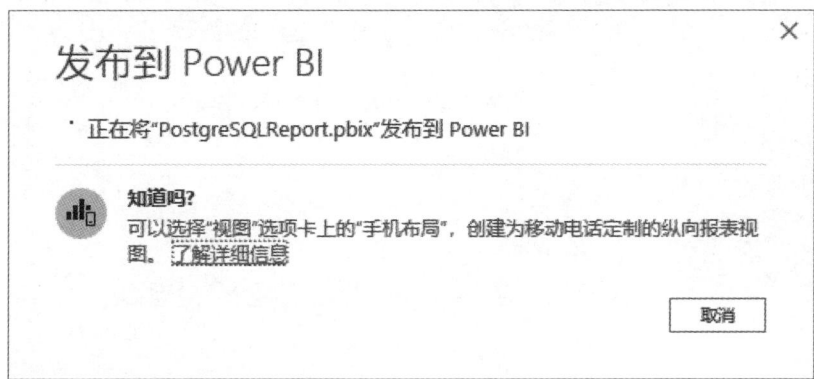

图4.58：显示发布报表的状态

发布完成后，出现**"发布到Power BI"**消息框，显示成功消息。用户可以通过单击**Open "PostgreSQLReport.pbix" in Power BI**链接，在Power BI中打开报表。

5. 单击**"知道了"**按钮关闭消息框，如图4.59所示。

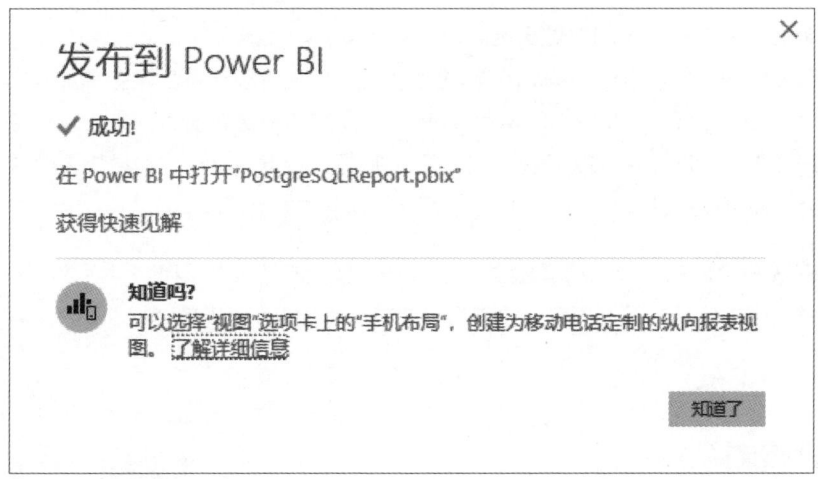

图4.59：发布成功

报表已成功发布到Power BI Service，如图4.60所示。

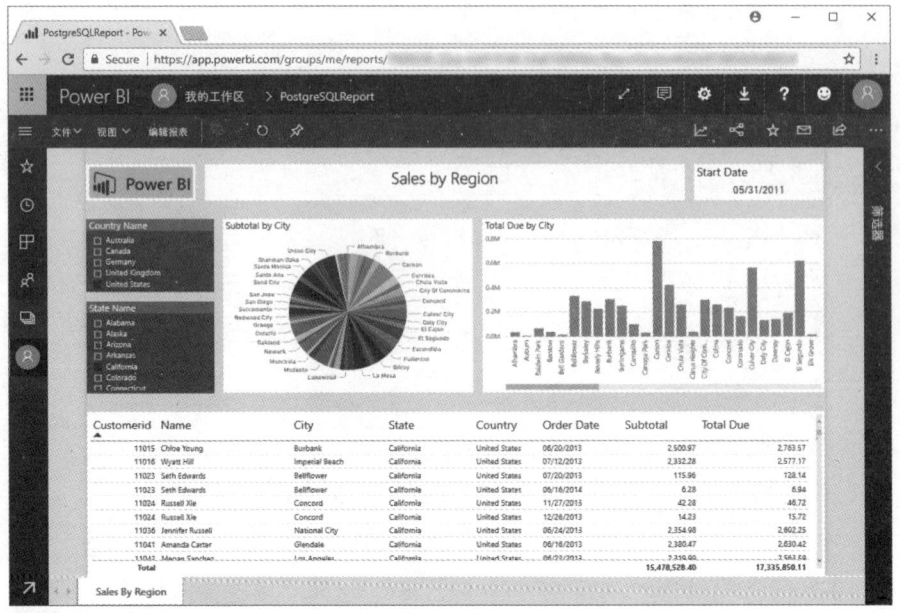

图4.60：显示已发布的报表

Power BI 中的数据刷新

显示最新信息有助于用户做出更好的业务决策。因此，用户有你应该始终使用准确且更新的数据在Power BI中创建报表。这可以通过创建报表，将其发布到Power BI Service，以及使用Power BI的数据刷新功能更新报表中的数据来完成。用户还可以在Power BI中设置计划刷新，以便在数据更新时自动更新视觉对象。此外，还可以通过单击Power BI中的刷新按钮手动刷新报表。

在Power BI Service中，数据集是从数据源获取的数据的子集，包括数据源及其凭据的相关信息。数据集会自动创建，并显示在Power BI Service的数据集选项卡下。

配置计划刷新

用户可以通过单击数据集名称旁边的**"计划刷新"**图标，或者当单击**省略号**图标（…）出现菜单时，使用数据集名称旁边的**"设置"**选项来应用计划刷新。要成功配置计划刷新，需要进行以下设置。

- 连接网关
- 数据源凭据
- 计划刷新

下载并安装本地数据网关

网关是一款允许用户访问位于本地系统或网络数据的软件，以便日后可以在云服务中使用。只有授权用户才可访问网关。类似于看门人，只允许授权人员进入，网关会参与所有连接请求，但只允许那些符合特定条件的用户访问。

Power BI提供以下两种类型的网关。

- **本地数据网关（个人模式）**：仅允许一个人连接到数据源，不允许共享报表，只能与Power BI协同使用。该网关用于个人使用，用户在自己的计算机上安装网关，数据源就位于本地。

- **本地数据网关（标准模式）**：可供多个用户使用和共享。该类型网关可供Power BI、PowerApps和Azure逻辑应用等使用，支持计划刷新以及Power BI的DirectQuery功能。

用户需要在运行PostgreSQL的计算机上安装数据网关，并进行配置，以便Power BI可以使用它。

安装本地数据网关

执行以下步骤，下载并安装本地数据网关：

1. 打开以下链接：https://app.powerbi.com/。

2. 使用Power BI Desktop的相同凭据登录Power BI Service。

3. 单击**"下载"**图标按钮，出现一个选项列表。

4. 选择选项列表中的**"数据网关"**选项，如图4.61所示。

图4.61：选择数据网关选项

Power BI 页面出现一个下载网关的链接

5. 选择下载模式，如图4.62所示。

图4.62：下载页面

下载完成后，将会在"**下载**"文件夹中出现**PowerBIGatewayInstaller.exe**文件。

6. 双击"**下载**"文件夹中的**PowerBIGatewayInstaller.exe**，出现"**On-premises data gateway安装程序**"向导。

7. 单击"下一步"按钮，开始安装数据网关，如图4.63所示。

Power BI 中的数据刷新 — 157

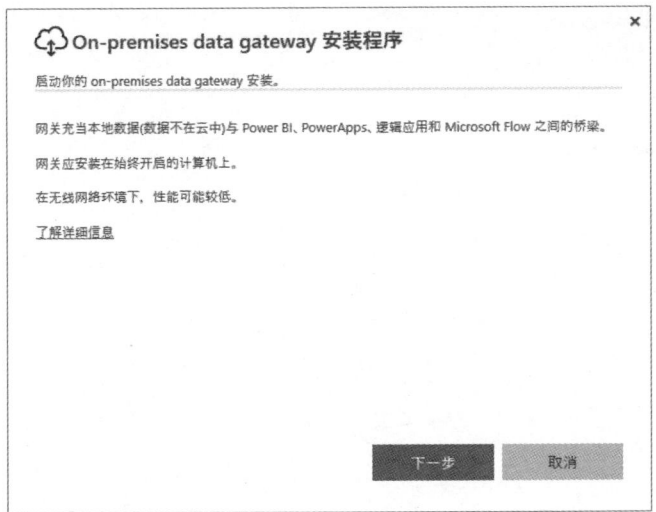

图4.63：开始安装

将出现"**On-premises data gateway安装程序**"向导的"**选择你所需的网关类型**"页面。

1. 选择"**On-premises data gateway（推荐）**"单选按钮，安装本地数据网关。
2. 单击"**下一步**"按钮，如图4.64所示。

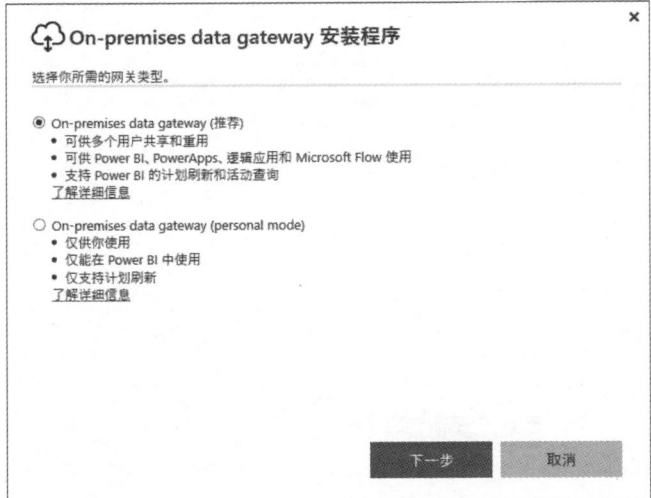

图4.64：选择网关类型

出现**"准备好安装on-premises data gateway"**页面，显示收集安装本地数据网关所需信息和文件的进度，如图4.65所示。

图4.65：安装on-premises data gateway页面

3. 在**"安装到"**文本框中指定要安装网关的目录路径。

4. 勾选**"我接受使用条款和隐私声明"**复选框。

5. 单击**"安装"**按钮，如图4.66所示。

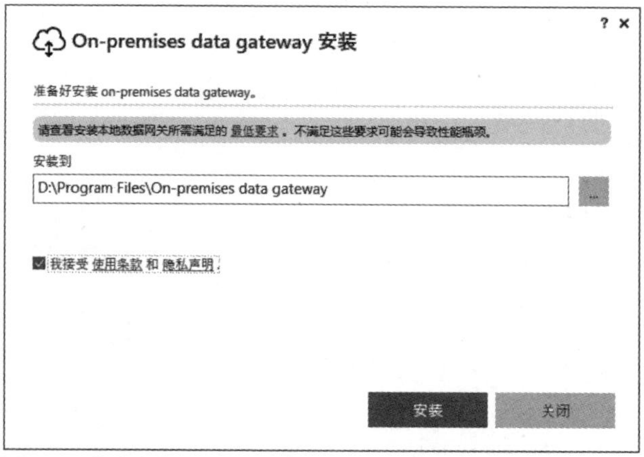

图4.66：指定安装文件夹

"正在安装本地数据网关" 页面显示安装的进度,如图4.67所示。

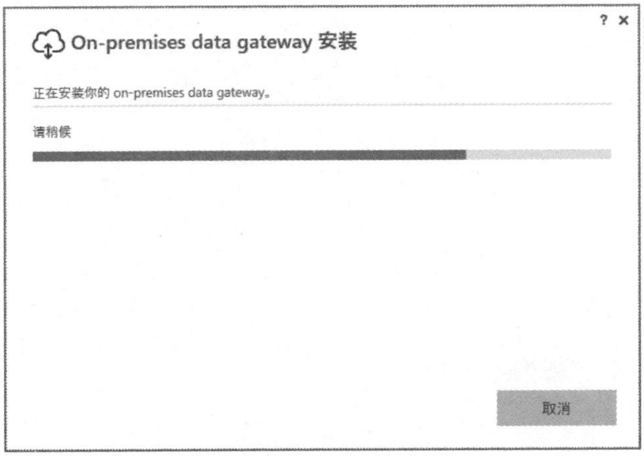

图4.67: 数据网关安装进度提示

出现 **"On-premises data gateway安装"** 向导的 **"即将完成"** 页面,显示安装成功,页面下方显示需要用户登录才能注册网关。

配置网关

安装成功后,需要配置网关,以便它可以与Power BI一起使用。要配置网关,需要继续前面的"下载和安装本地数据网关"中的操作,执行以下步骤配置/注册网关。

1. 在**On-premises data gateway**对话框的 **"要于此网关一起使用的电子邮件地址"** 文本框中输入要注册网关的电子邮件地址。

2. 单击 **"登录"** 按钮,如图4.68所示。

图4.68：显示电子邮件地址

出现**"登录"**对话框。

3. 在**"密码"**文本框中输入密码。

4. 单击**"登录"**按钮。

   出现**On-premises data gateway**对话框的下一页面。

5. 选择**"在此计算机上注册一个新网关"**单选按钮，注册新网关。

6. 单击**"下一步"**按钮，如图4.69所示。

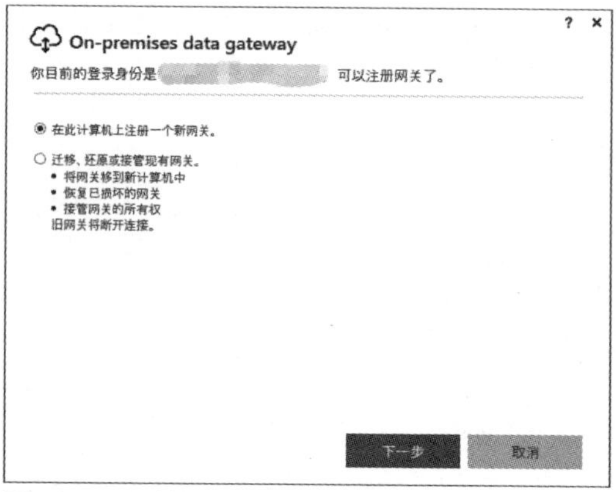

图4.69：显示新网关

on-premises data gateway对话框的下一页面要求用户指定网关的名称和恢复密钥。

7. 在"**新on-premises data gateway名称**"文本框中输入网关名称。

8. 在"**恢复密钥**"文本框中输入所需的网关恢复密钥。

9. 在"**确认恢复密钥**"文本框中输入相同的恢复密钥。

10. 单击"**配置**"按钮，如图4.70所示。

图4.70：配置本地数据网关

配置网关后，将看到"**网关Demo Gateway处于联机状态且已准备就绪，可以使用**"的状态。

11. 单击"**关闭**"按钮，关闭on-premises data gateway对话框，如图4.71所示。

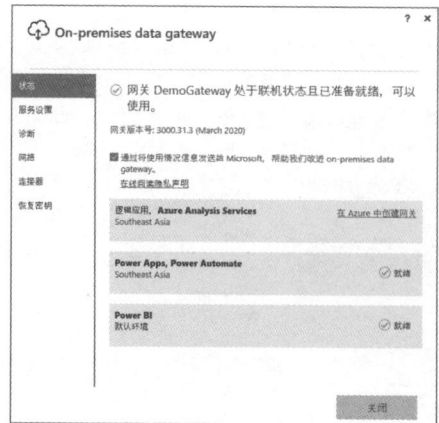

图4.71：网关配置完成状态

添加数据源

安装本地数据网关后，可以添加要与网关一起使用的数据源（PostgreSQL Server）。用户可以在网关窗口的网关集群下找到可用网关列表。与所选网关集群相关的设置将显示在"网关"窗口的右窗格中。

执行以下步骤，将数据源添加到先前创建的网关。

1. 启动 Power BI Service。

2. 单击**"设置"**图标按钮，出现一个选项列表。

3. 选择**"管理网关"**选项，如图4.72所示。

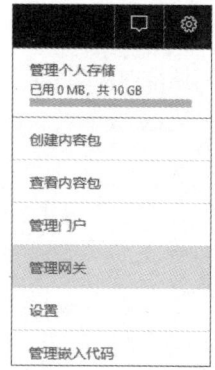

图4.72：选择"管理网关"选项

出现**网关**窗口。在左侧窗格中，用户将看到**"网关群集"**下的可用网关列表。右侧窗格的**"网关群集设置"**选项卡下显示有关所选网关的信息以及与网关相关的其他设置，如图4.73所示。

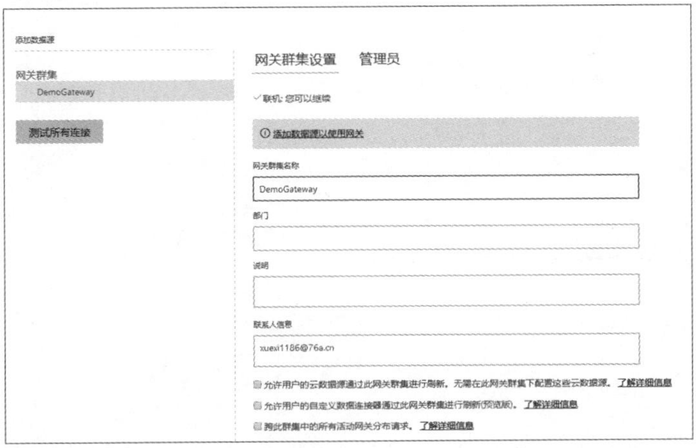

图4.73： 网关群集设置

4. 单击**"添加数据源"**链接或选择网关旁边的**省略号**图标（…），然后选择列表中的**"添加数据源"**选项，如图4.74所示。

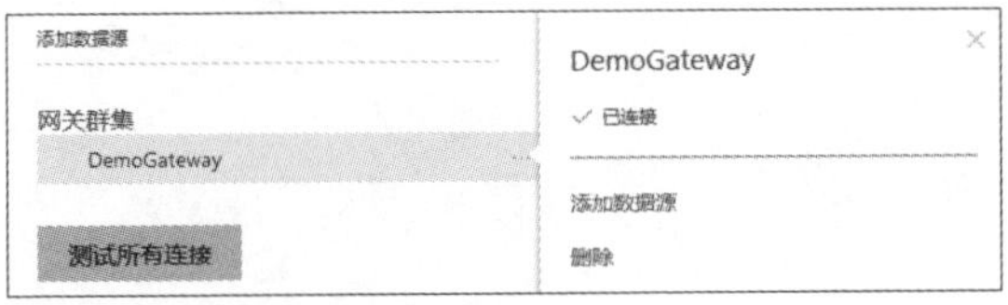

图4.74： 选择"添加数据源"选项

出现**"数据源设置"**窗格

5. 在**"数据源名称"**文本框中输入所需的数据源名称。

6. 从**"数据源类型"**下拉列表中选择**PostgreSQL**选项，将网关连接到PostgreSQL数据源。

7. 在**"服务器"**文本框中输入PostgreSQL数据库的名称。

8. 在**"数据库"**文本框中输入与之前使用的数据库的相同名称，如图4.75所示。

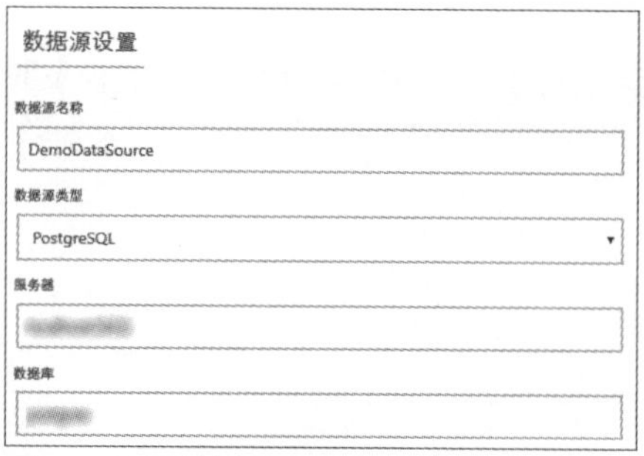

图4.75：显示数据源设置

9. 在**"用户名"**文本框中输入用户名。

10. 在**"密码"**文本框中输入密码。

11. 展开**"高级设置"**选项区域，出现相关设置。

12. 从**"为此数据源设置隐私级别"**下拉列表中选择隐私级别。

13. 单击**"添加"**按钮，如图4.76所示。

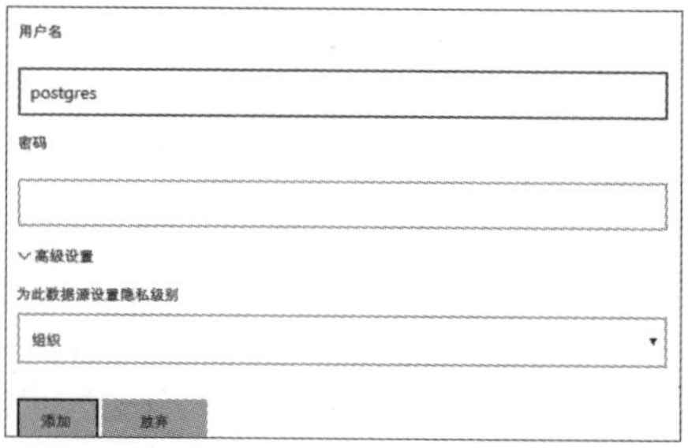

图4.76：显示用户名和密码

单击"添加"按钮后，出现"连接成功"消息提示，说明已经建立连接，如图4.77所示。

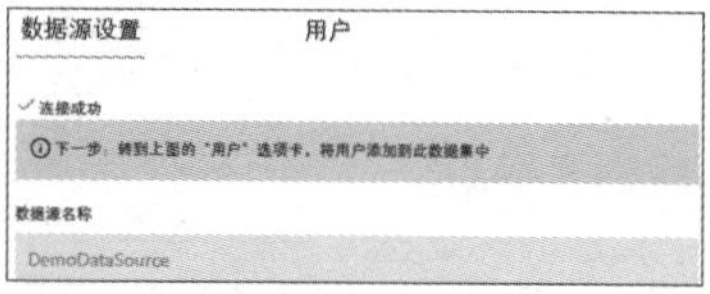

图4.77：连接成功

14. 选择**"用户"**选项卡,将用户添加到已创建的数据源。

15. 指定允许使用此数据源发布报表人员的电子邮件地址。

16. 单击**"添加"**按钮,指定的人员将添加到列表框中,如图4.78所示。

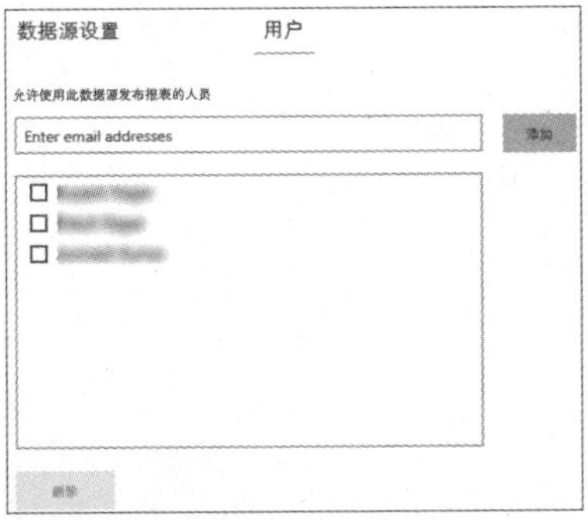

图**4.78**:添加用户

配置计划刷新

如前文所述,只有在完成数据网关的设置后,才能为数据集配置计划刷新。

执行以下步骤,配置数据集的计划刷新。

1. 启动 Power BI Service。

2. 从左侧窗格中选择**"我的工作区"**选项。

3. 在右侧窗格中选择**"数据集"**选项卡,出现可用的数据集列表。

4. 单击所需数据集旁边的**计划刷新**图标,如图4.79所示。

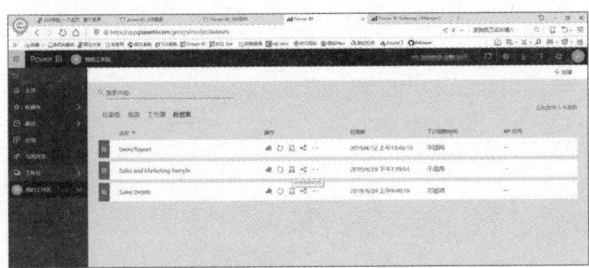

图**4.79**:单击"计划刷新"图标

出现所选数据集的**设置**页面。

5. 展开**"网关连接"**折叠按钮,显示与网关连接相关的设置。

6. 选择**Demo Gate Way**单选按钮,将看到状态为联机状态。

7. 单击**"应用"**按钮应用更改,如图4.80所示。

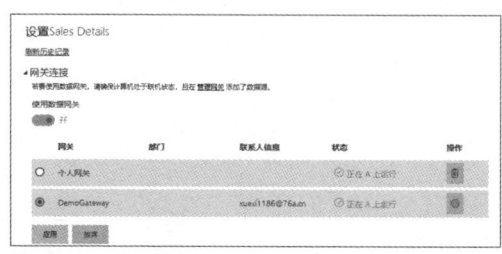

图4.80: 设置网关连接

8. 展开**"计划的刷新"**折叠按钮,确定与计划刷新相关的设置,包括刷新数据集的频率和时间段。

9. 拖动**"使您的数据保持为最新"**滑块,将状态更改为"开"。

10. 从**"刷新频率"**下拉列表中选择所需的刷新频率。

11. 从**"时区"**下拉列表中选择所需的时区。

12. 勾选**"向我发送刷新失败通知电子邮件"**复选框应用设置,如果刷新失败,将收到电子邮件。

13. 单击**"应用"**按钮,如图4.81所示。

图4.81: 配置计划刷新

单击"应用"按钮后，配置计划刷新。

创建内容包

内容包是用户仪表板、报表和数据集的完整包，可以与组织中的其他用户共享。用户可以创建内容包并发布到团队中。发布内容包后，将在名为AppSource的集中式存储库中可供使用。该存储库可帮助团队成员轻松查找为内容包发布的报表和数据集。

只有当你是某特定小组成员（例如发布内容包的整个组织、销售小组、安保组或Office 365组）时，才能在中央存储库中找到内容包。

> 提示
> 用户需要有一个用于创建和访问组织内容包的Power BI Pro账户。

执行以下步骤，创建和发布内容包：

1. 启动 Power BI Service。

2. 单击**"设置"**图标，出现一个下拉菜单。

3. 在下拉菜单中选择**"创建内容包"**选项，如图4.82所示。

图4.82：创建内容包

出现**"创建内容包"**页面。

4. 选择**"特定组"**单选按钮以允许特定组访问此内容包，或选择**"我的整个组织"**单选按钮以允许整个组织访问此内容包。

5. 在**"标题"**文本框中输入内容包的标题。

6. 在**"说明"**文本框中输入内容包的说明。

7. 单击**上传**图标上传内容包的图像，如图4.83所示。

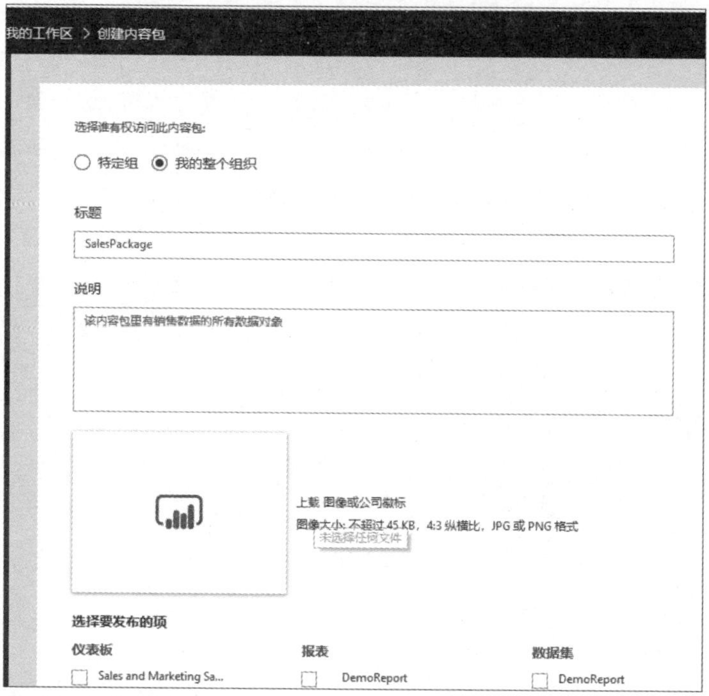

图4.83：创建内容包

出现**"打开"**对话框。

8. 导航到图像所在的位置。

9. 选择图像。

10. 单击**"打开"**按钮上传图像，如图4.84所示。

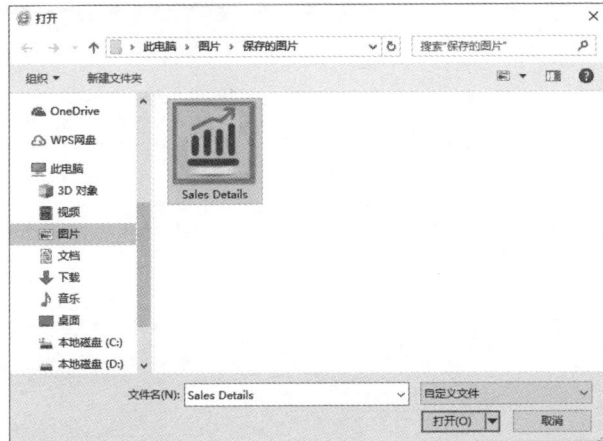

图4.84：上传图像

所选图像已上传。

11. 在**"报表"**列表区域中选择要发布的报表，将从**"数据集"**列表区域中自动勾选相关数据集。

12. 单击**"发布"**按钮，如图4.85所示。

图4.85：发布内容包

弹出窗口显示内容包已成功发布并添加到组织的内容库中。

用户可以通过执行以下步骤查看内容包。

1. 单击**"设置"**图标，出现一个下拉菜单。

2. 从下拉列表中选择**"查看内容包"**选项，如图4.86所示。

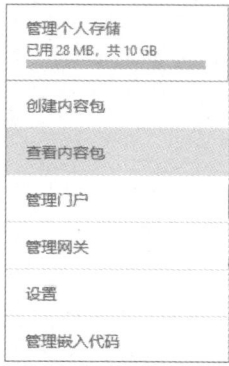

图4.86："选择"查看内容包"选项

出现**"查看内容包"**页面，列出了内容包，如图4.87所示。

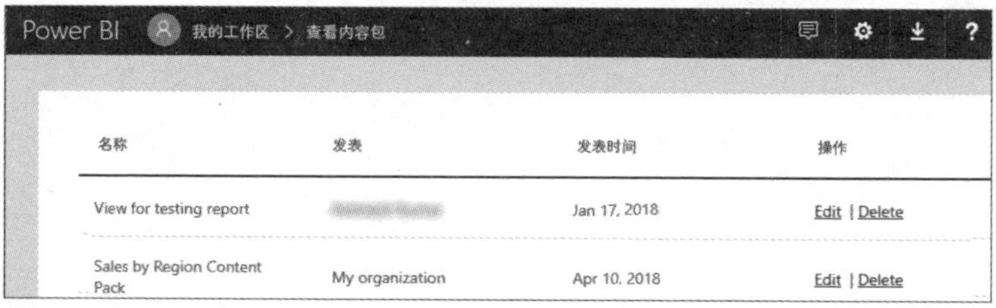

图4.87：查看内容包

总结

本章介绍了将PostgreSQL与Power BI集成的过程，深入探讨了如何从PostgreSQL的数据库中获取数据，并在Power BI中创建报表。还介绍了如何逐步从数据源获取数据，创建报表，将报表发布到Power BI Service。本章还回顾了数据刷新的相关操作，其中我们讨论了网关设置和配置计划刷新。最后，介绍了创建和查看内容包的过程。

第 5 章
Power BI 在ERP上的应用

如前文所述，Power BI可以与多个数据源集成。Power BI最突出的一个功能是它能够与微软开发的客户关系管理（CRM）解决方案Dynamics CRM集成。与其他来源相比，Microsoft Dynamics CRM能强化任何组织的客户关系，使其成为企业家的完美选择。用户可以通过简单的用户界面轻松地将Power BI与Microsoft Dynamics CRM集成，还可以基于Microsoft Dynamics CRM中的数据在Power BI中创建简单直观的报表。本章深入介绍了Power BI与Microsoft Dynamics CRM的集成。

CRM的定义

CRM用于公司和客户之间的互动进行管理，属于数据驱动的解决方案类别，可增强公司与客户的互动和业务能力。CRM作为一个集成系统，用于管理客户关系、跟踪销售和生成数据。

CRM解决方案的功能

下面列出了CRM解决方案最重要的功能。
- 简化了流程并提高了不同部门的盈利能力，包括销售部门、市场部和客服部门。
- 提供了一个多维平台，可存储与开发和增进客户关系相关的所有内容。
- 通过建立业务关系，帮助用户增加机会，提高收入。
- 集中所有客户信息。
- 自动化营销联系。
- 提供商业智能。
- 有助于跟踪销售机会。
- 提供响应迅速的客户服务。

Microsoft Dynamics CRM

为了与不同供应商开发的其他CRM解决方案竞争,微软推出了自己的CRM软件,并将其命名为Microsoft Dynamics CRM。Microsoft Dynamics CRM定义的目标和功能是为各类型的组织改善客户关系。它关注不同的部门,包括销售部、市场部和客服部。Microsoft Dynamics CRM基于扩展关系管理(xRM)平台,允许合作伙伴通过基于.NET的框架对其进行自定义。Microsoft Dynamics CRM提供完整支持,以便CRM应用程序可用于移动设备和平板电脑。

Microsoft Dynamics CRM的优势

虽然市场上有多种CRM解决方案,而Microsoft Dynamics CRM凭借其独特的功能优先于其他解决方案,例如支持部署模型、可与微软提供的其他堆栈轻松集成等。以下是Microsoft Dynamics CRM优于竞争对手的独特功能和优点。

- 简单的用户界面,易于使用。
- 根据业务结构和需求,提供不同的部署模型,包括内部部署、合作伙伴托管、混合部署和在线部署。
- 支持"单击"配置,无须单独打开Microsoft Visual Studio来自定义CRM部署。
- 根据业务要求提供不同的许可选项。
- 支持报表功能,提供有价值的数据见解,还允许组织使用SQL Server Reporting Services(SSRS)来创建报表。
- 提供重复检测功能,使从不同数据源导入数据的过程变得简单。
- 支持多种语言和货币。
- 是一种有价值的产品,价格和功能相称。
- 可与常用的应用程序集成,包括Microsoft Office和Microsoft Server堆栈。
- 适用于xRM框架,这使其成为创建自定义业务线(LOB)应用程序的通用平台。

注册Microsoft Dynamics CRM在线版

微软允许组织试用Microsoft Dynamics CRM解决方案,然后根据业务需求使用付费服务。

用户可以执行以下步骤,注册Microsoft Dynamics CRM的试用版。

1. 访问以下链接：

   https://signup.microsoft.com/Signup?OfferId=bd569279-37f5-4f5c-99d0-425873bb9a4b&dl=DYN365_ENTERPRISE_PLAN1&Culture=en-us&Country=us&flight=AdminOnCustomization&ali=1

   出现**Dynamics365**向导页面，显示**Welcome, let's get to know you**对话框。

2. 从**Country**下拉列表中选择国家/地区，如图5.1所示。

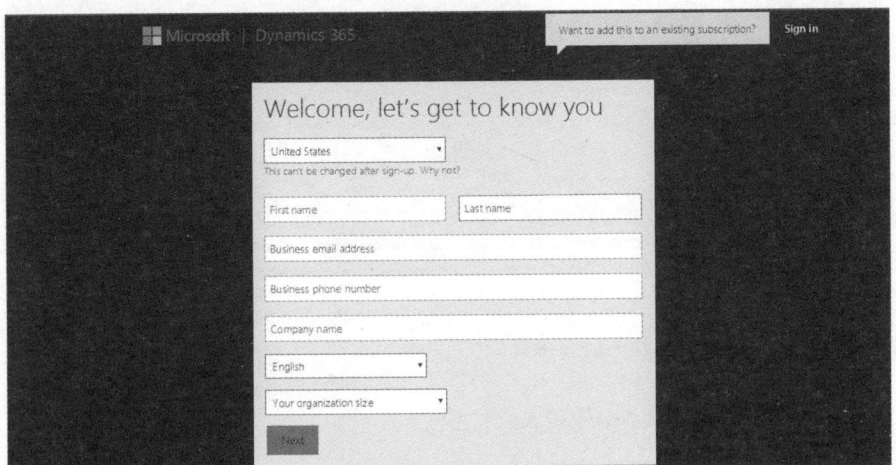

图5.1：选择国家

3. 在**First name**文本框中输入用户的名字。

4. 在**Last name**文本框中输入用户的姓氏。

5. 在**Business email address**文本框中输入用户的电子邮件地址。

6. 在**Business phone number**文本框中输入用户的电话号码。

7. 在**Company name**文本框中输入用户的公司名称。

8. 从**Language**下拉列表中选择所需的语言。

9. 从**Your Organization size**下拉列表中选择组织的大小。

10. 单击**Next**按钮。

    出现**Create your user ID**对话框，如图5.2所示。

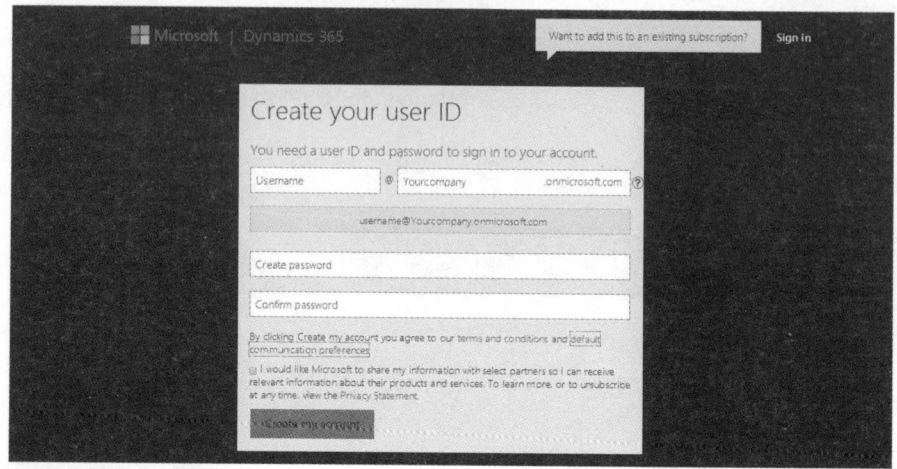

图5.2：创建用户ID对话框

11. 在**User name**文本框中输入用户名。

12. 在**Your company**文本框中输入公司名称。

13. 在**Create password**文本框中输入所需的密码。

14. 在**Confirm password**文本框中输入相同的密码。

15. 单击**Create my account**按钮，创建账户。

    出现**Prove . You're. Not. A. Robot.** 对话框。

16. 选择**Text me**单选按钮，获取文本形式的验证码。

17. 在**Phone number**文本框中输入有效的电话号码。

18. 单击**Text me**按钮，如图5.3所示。

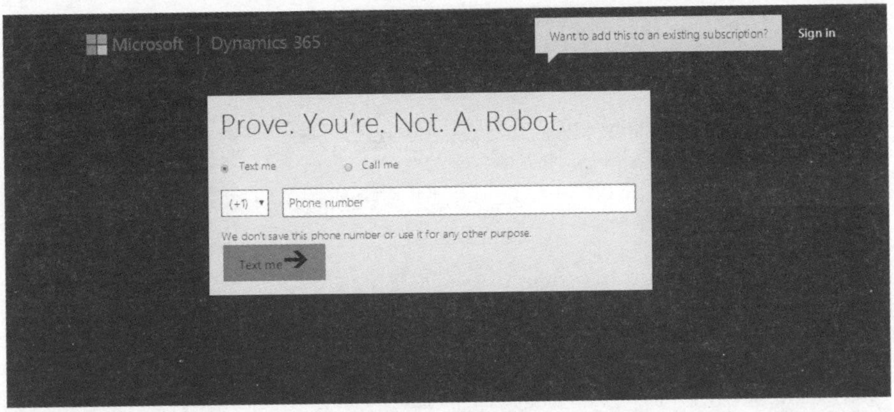

图5.3：输入电话号码

Prove. You're. Not. A. Robot. 对话框被重定向。

19. 在**Enter your verificationcode**文本框中输入验证码（在上面提供的电话号码收到的短信中）。

20. 单击**Next**按钮，如图5.4所示。

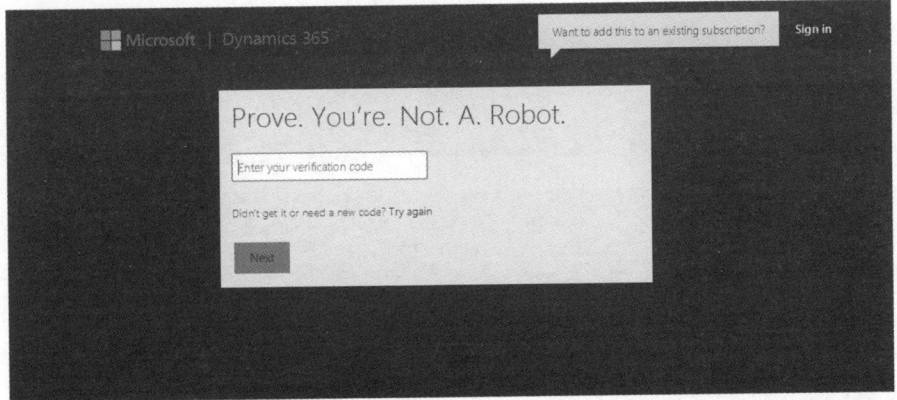

图5.4：输入验证码

出现**Save this info. You'll need it later**对话框。

21. 单击**Set up**按钮，如图5.5所示。

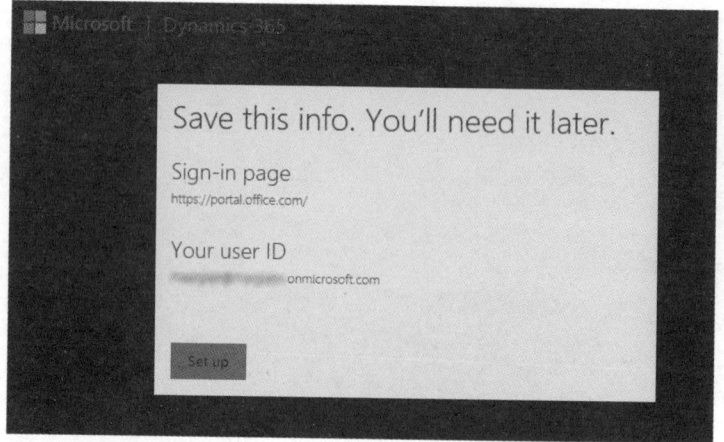

图5.5：单击"设置"按钮

出现**Let's get your FREE 30-day trial set up**对话框。

22. 勾选**None of these. Don't customize my organization**复选框。

23. 单击**Complete Setup**按钮，如图5.6所示。

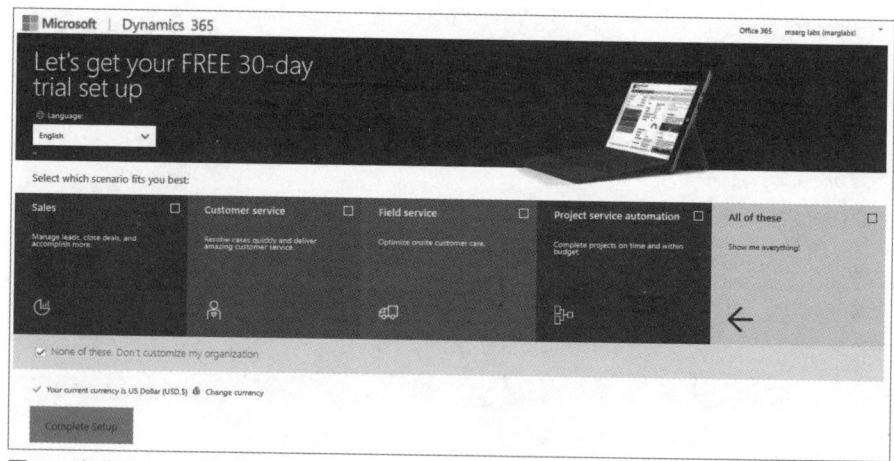

图5.6：免费试用30天试用版设置

单击**Complete Setup**按钮后，用户将重定向到新的CRM Online试用版，该试用版已安装了示例数据集。用户可以使用顶部的导航选项访问CRM的不同部分，如图5.7所示。

为Dynamics CRM创建示例数据

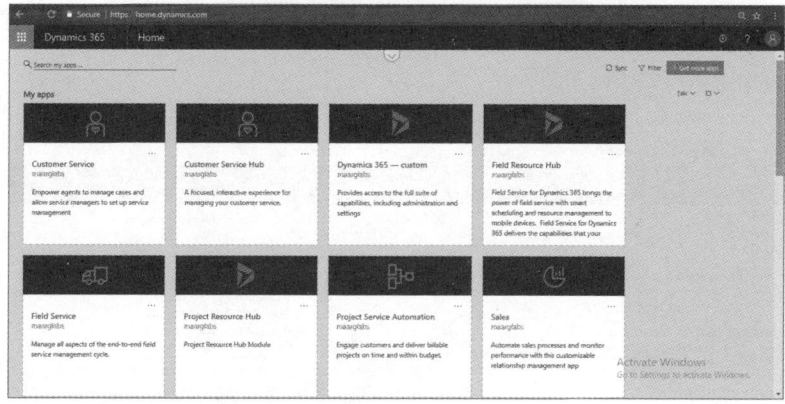

图5.7：Dynamics 365 主页界面

为Dynamics CRM创建示例数据

在Microsoft Dynamics CRM 在线版中，已安装示例数据。但是，在本地版本中，默认情况下不会安装数据。使用本地版本时，用户需要安装示例数据才能开始使用它。

执行以下步骤，安装示例数据。

1. 导航到用户的CRM租户。

2. 选择所需的类别。

3. 单击**Settings**按钮。

4. 选择**Data Management**选项，如图5.8所示。

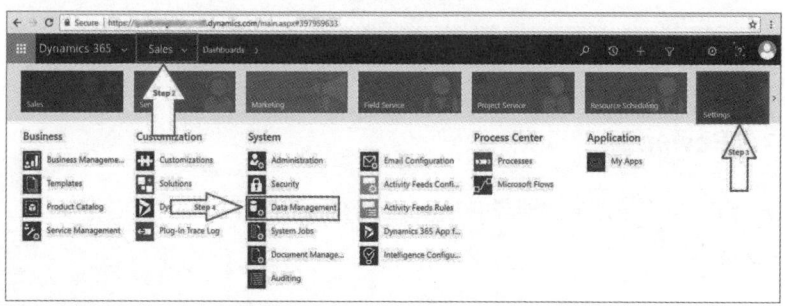

图5.8：选择Data Managemet选项

出现**Data Management**页面。

5. 选择**Sample Data**链接，如图5.9所示。

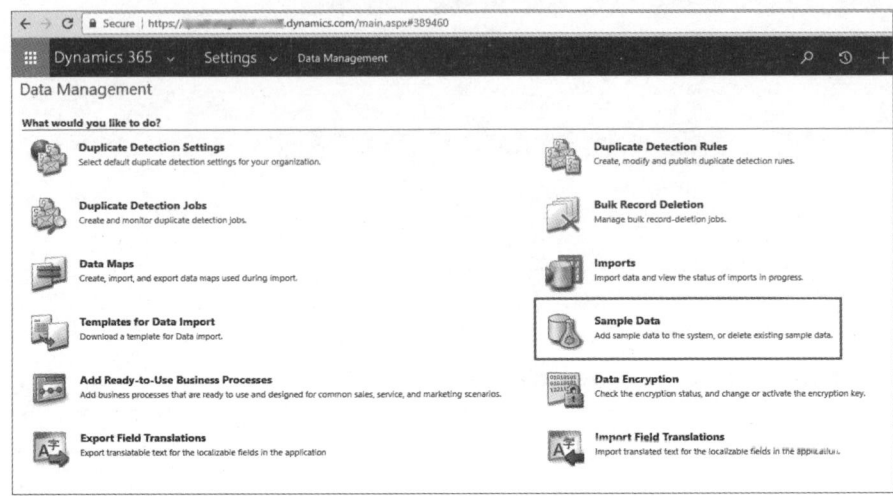

图5.9：选择示例数据链接

样本表已在CRM中创建，如图5.10所示。

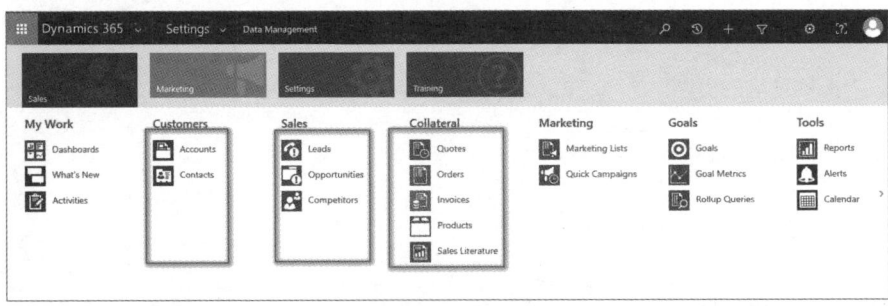

图5.10：显示样本数据

将数据导入Power BI

在Power BI中创建报表的主要任务是从相应的数据源（即本例中的Dynamics CRM）中检索数据。

执行以下步骤将数据导入Power BI。

1. 打开Power BI Desktop。

2. 使用组织账户登录。

3. 在"**开始**"选项卡的"**外部数据**"选项组中单击"**获取数据**"按钮，如图5.11所示。

图5.11：单击"获取数据"按钮

出现"**获取数据**"对话框。

4. 从左侧列表中选择"**全部**"选项。

5. 从右侧列表框中选择"**Dynamics 365（在线）**"选项。

6. 单击"**连接**"按钮，如图5.12所示。

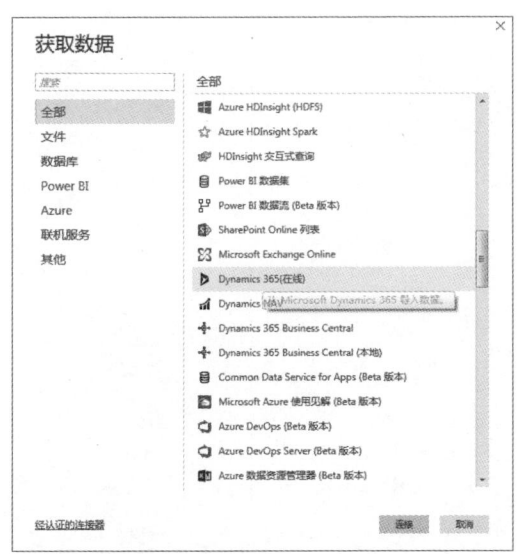

图5.12："获取数据"对话框

出现"**Dynamics 365（在线）**"对话框。

7. 选择**"基本"**单选按钮。

8. 在**Web API URL**文本框中输入Dynamics CRM的URL。

9. 单击**"确定"**按钮，连接Dynamics CRM，如图5.13所示。

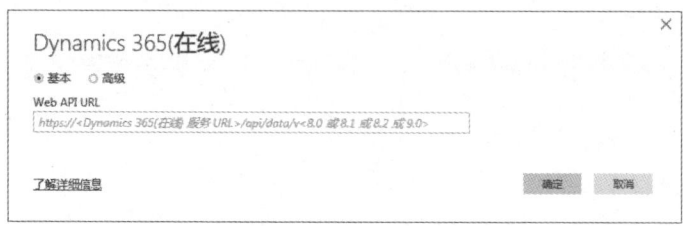

图5.13："Dynamics 365（在线）"对话框

出现**"导航器"**对话框，提供了可加载到Power BI Desktop表的列表。

10. 从"导航器"对话框中选择所需的表。

11. 单击"加载"按钮，将表加载到Power BI Desktop中，如图5.14所示。

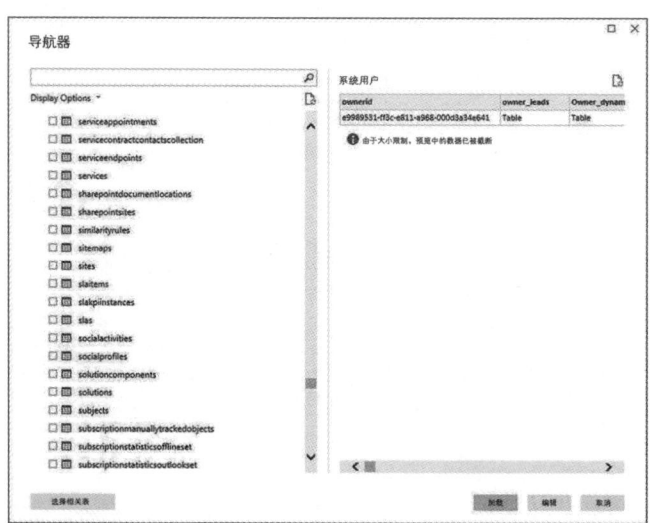

图5.14："导航器"对话框

选定的表已导入到Power BI Desktop中，导入的表的名称将显示在字段窗格下，如图5.15所示。

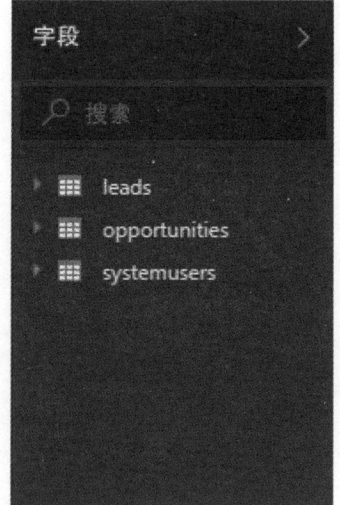

图5.15:"字段"窗格

一些默认表如下。
- Accounts
- Audits
- Contacts
- Opportunities
- Lead Source
- Leads
- System users
- Ratings
- Teams

用户可能还需要添加其他表来执行特定任务或创建特定报表。

创建报表

如前文所述,报表是视觉对象的集合。在本章中,我们创建了一个包含以下四个报表的.pbix文件。
- 按雇员筛选的领导收入。
- 按公司筛选的领导收入。

- 按类别筛选的贷款。
- 贷款总额。

按雇员筛选的领导收入

"按雇员筛选的领导收入"报表，显示按雇员筛选所产生的领导收入。我们在此报表中使用了不同的筛选器和切片器，如图5.16所示。

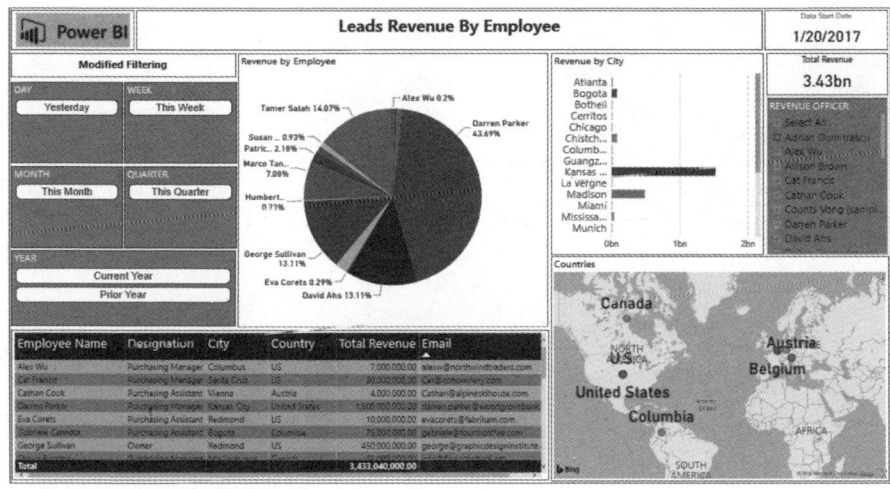

图5.16：按雇员筛选的领导收入报表

上述报表中使用的主要视觉对象如下。
- chiclet切片器
- 饼图
- 簇状条形图
- 切片器
- 表
- 地图

chiclet切片器

与其他切片器类似，chiclet切片器用来对数据进行筛选。在上述报表中，我们创建了五个chiclet切片器，如图5.17所示。

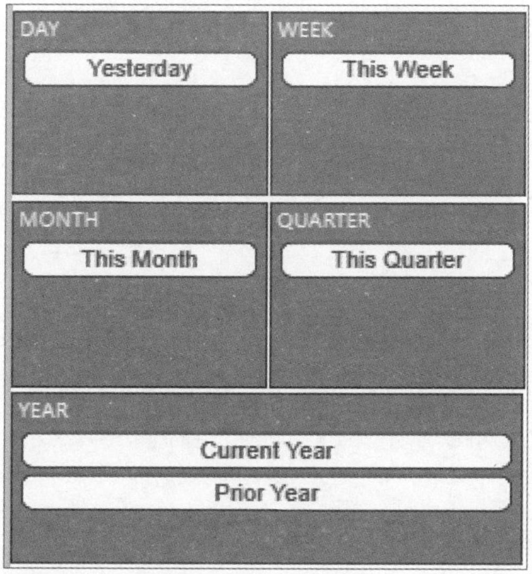

DAY	WEEK
Yesterday	This Week

MONTH	QUARTER
This Month	This Quarter

YEAR
Current Year
Prior Year

图5.17：chiclet切片器

"天"的chiclet切片器映射细节如下。

DAY =

if(FORMAT(leads[createdon], "MM-DD-YYYY") = FORMAT(TODAY(), "MM-DD-YYYY"), "Today",

if(FORMAT(leads[createdon], "MM-DD-YYYY") = FORMAT(TODAY()+1, "MM-DD-YYYY"), "Tomorrow",

if(FORMAT(leads[createdon], "MM-dd-YYYY") = FORMAT(TODAY()-1, "MM-dd-YYYY"), "Yesterday", BLANK())))

"周"的chiclet切片器映射细节如下。

WEEK =

if(leads[WeekNo]=WEEKNUM(TODAY(),21) && YEAR(leads[createdon])=YEAR(TODAY()),"This Week",

if((WEEKNUM(TODAY(),21)-1) = 0 && leads[WeekNo]=53 && YEAR(leads[createdon])=YEAR(TODAY())-1,"Last Week",

if(leads[WeekNo]=WEEKNUM(TODAY(),21)-1 && YEAR(leads[createdon])=YEAR(TODAY()),"Last Week",

```
if(leads[WeekNo]=WEEKNUM(TODAY(),21)+1 &&
YEAR(leads[createdon])=YEAR(TODAY()),"Next Week",

if((WEEKNUM(TODAY())+1) = 54 && leads[WeekNo]=1 &&
YEAR(leads[createdon])=YEAR(TODAY())+1,"Next Week",

BLANK()))))
```

"月"的chiclet切片器映射细节如下。

```
Month Duration =

if(FORMAT(leads[createdon], "MM-YYYY") = FORMAT(TODAY(), "MM-YYYY"), "This Month",

if(FORMAT(leads[createdon], "MM-YYYY") = FORMAT(EOMONTH(TODAY(), -1), "MM-YYYY"),
"Last Month",

if(FORMAT(leads[createdon], "MM-YYYY") = FORMAT(EOMONTH(TODAY(), 1), "MM-YYYY"),
"Next Month", BLANK())))
```

"季"的chiclet切片器映射细节如下。

```
QUARTER = if(leads[QuarterNo]=ROUNDUP(MONTH(TODAY())/3,0) &&
YEAR(TODAY())=leads[Year],"This Quarter",

if(leads[QuarterNo]=(ROUNDUP(MONTH(TODAY())/3,0)-1) &&
YEAR(TODAY())=leads[Year],"Last Quarter",

if(leads[QuarterNo]=4 && (ROUNDUP(MONTH(TODAY())/3,0)-1)=0 && YEAR(TODAY())-
1=leads[Year],"Last Quarter",

if(leads[QuarterNo]=(ROUNDUP(MONTH(TODAY())/3,0)+1) &&
YEAR(TODAY())=leads[Year],"Next Quarter",

if(leads[QuarterNo]=1 && (ROUNDUP(MONTH(TODAY())/3,0)+1)=5 &&
YEAR(TODAY())+1=leads[Year],"Next Quarter",

BLANK()))))
```

"年"的chiclet切片器映射细节如下。

```
YearDuration =

if(YEAR(leads[createdon]) = YEAR(TODAY()), "Current Year",

if(YEAR(leads[createdon]) = CALCULATE(YEAR(TODAY())-1), "Prior Year",

if(YEAR(leads[createdon]) = CALCULATE(YEAR(TODAY())+1),"Next Year", BLANK())))
```

饼图视觉对象

饼图视觉对象是一个分为许多切片的圆，以数字比例显示数据。图5.18的饼图视觉对象显示了"按雇员筛选的收入"的数据。

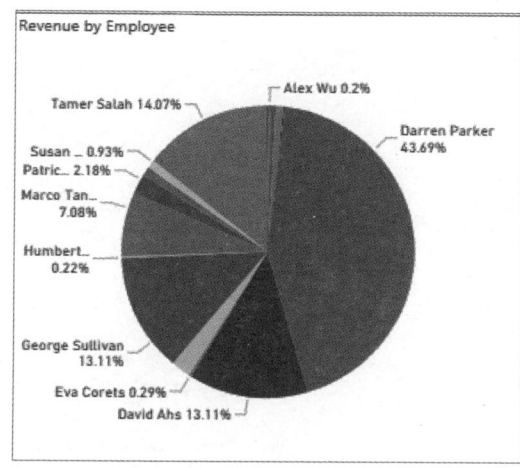

图5.18：按雇员筛选的收入饼图

簇状条形图

簇状条形图是一个简单的条形图，其中不同的图形条彼此相邻放置。"按城市筛选的收入"图表显示按城市筛选的收入数据，如图5.19所示。

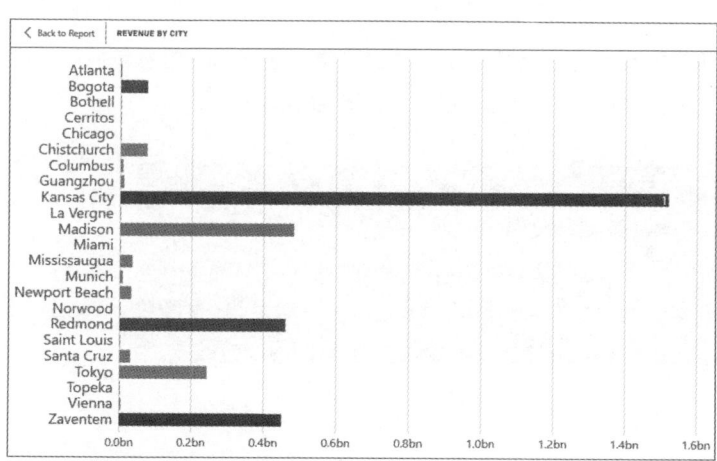

图5.19：按城市筛选的收入簇状条形图

切片器

切片器视觉对象是一种筛选器，可应用于其他报表视觉对象，来提供筛选结果。收入主管切片器列出了收入主管的姓名，并根据“按雇员筛选的收入”报表中所选主管筛选其他视觉对象，如图5.20所示。

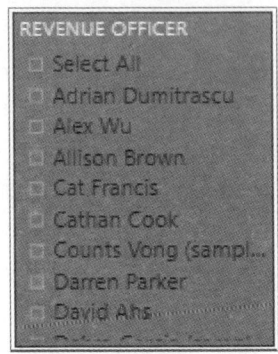

图5.20：收入主管切片器视觉对象

地图

地图视觉对象突出显示地图上的特定位置或重要位置。在本示例报表中，此视觉对象突出显示了各个国家/地区，如图5.16所示。

表

表视觉对象包含行和列。在此报表中，表格视觉对象显示的信息包括员工姓名、职称、城市、国家、总收入和电子邮件，如图5.21所示。

Employee Name	Designation	City	Country	Total Revenue	Email
Alex Wu	Purchasing Manager	Columbus	US	7,000,000.00	alexw@northwindtraders.com
Cat Francis	Purchasing Manager	Santa Cruz	US	30,000,000.00	Cat@cohowinery.com
Cathan Cook	Purchasing Assistant	Vienna	Austria	4,000,000.00	Cathan@alpineskihouse.com
Darren Parker	Purchasing Manager	Kansas City	United States	1,500,000,000.00	darren.parker@woodgrovebank.
Eva Corets	Purchasing Assistant	Redmond	US	10,000,000.00	evacorets@fabrikam.com
Gabriele Cannata	Purchasing Assistant	Bogota	Columbia	75,000,000.00	gabriele@fourthcoffee.com
George Sullivan	Owner	Redmond	US	450,000,000.00	george@graphicdesigninstitute.
Total				3,433,040,000.00	

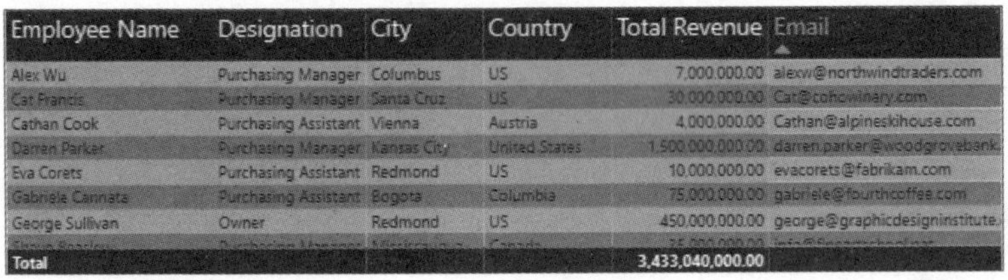

图5.21：表视觉对象

按公司筛选的领导收入

"按公司筛选的领导收入"报表显示按公司筛选的领导的收入。该报表包含chiclet切片器、堆积面积图、饼图、切片器和表,如图5.22所示。

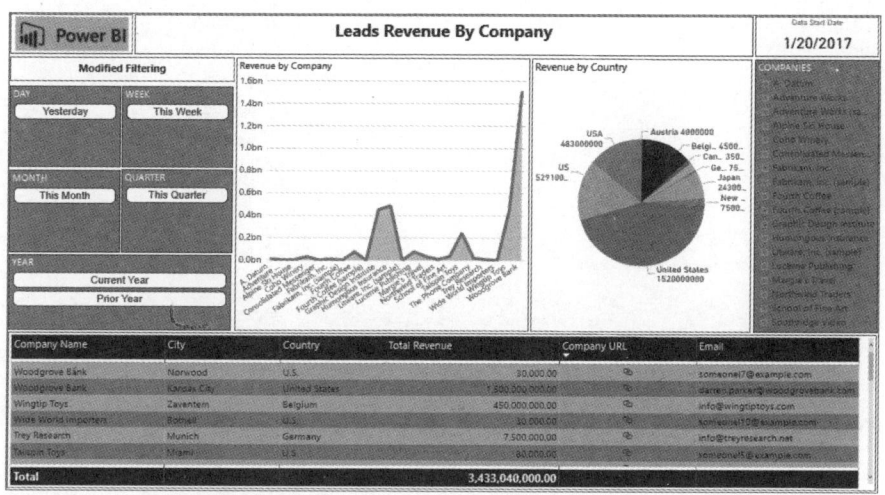

图5.22:按公司筛选的领导收入报表

"按公司筛选的领导收入"报表包含以下视觉对象。
- chiclet切片器
- 堆积面积图
- 饼图
- 切片器
- 表

堆积面积图

堆积面积图类似于面积图,在同一视觉对象上显示多个组的值。"按公司筛选的领导收入"报表包含"按公司筛选的收入"的堆积面积图,如图5.23所示。

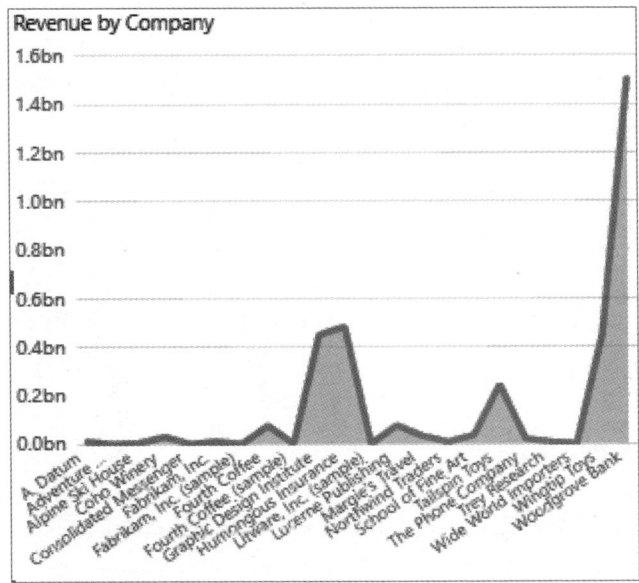

图5.23：堆积面积图

切片器

切片器视觉对象相当于筛选器，应用于其他报表视觉对象来提供筛选结果。"公司"切片器列出公司名称，从而在"按公司筛选的领导收入"报表中筛选每家公司的收入，如图5.24所示。

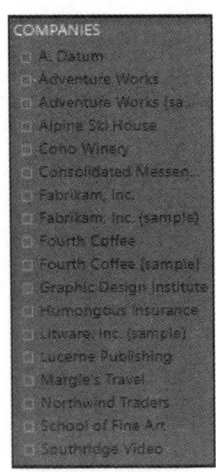

图5.24：公司切片器

按类别筛选的贷款

"按类别筛选的贷款"报表显示与按产品类别筛选的贷款的相关数据。该报表还包含筛选器和切片器，如图5.25所示。

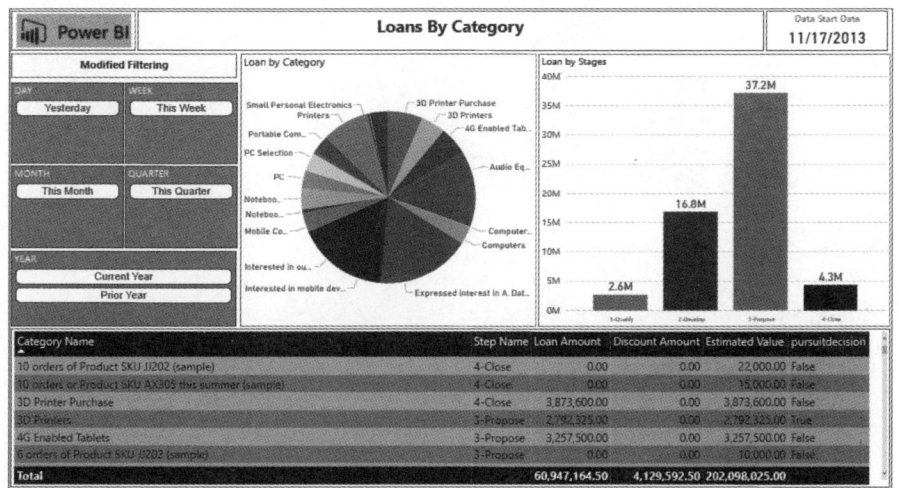

图5.25：按类别筛选的贷款报表

"按类别筛选的贷款"报表包含以下视觉对象。
- chiclet 切片器
- 饼图
- 簇状柱形图
- 表

簇状柱形图

簇状柱形图是一个柱形图，通过垂直矩形条比较已定义类别的值。"按等级筛选的贷款"簇状柱形图显示每个"等级名称"类别的贷款值，如图5.26所示。

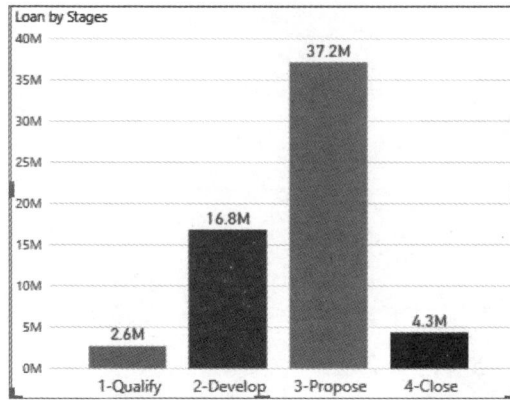

图5.26：簇状柱形图

贷款总额

"贷款总额"报表显示贷款总额，该报表包含chiclet切片器、环形图、卡片图、PBI_CV和表视觉对象，如图5.27所示。

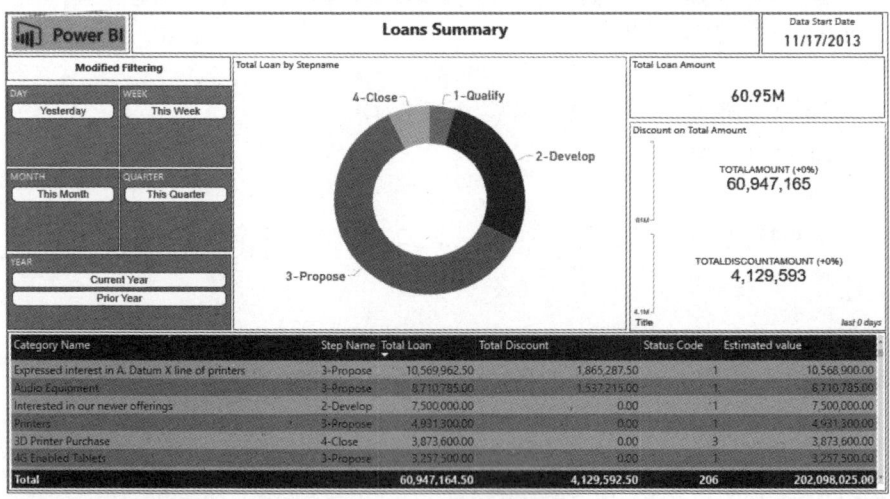

图5.27：贷款总额报表

环形图

环形图类似于包含切片器的饼图，其中每个部分表示一个值。"按等级名称筛选的贷款总额"环形图，如图5.28所示。

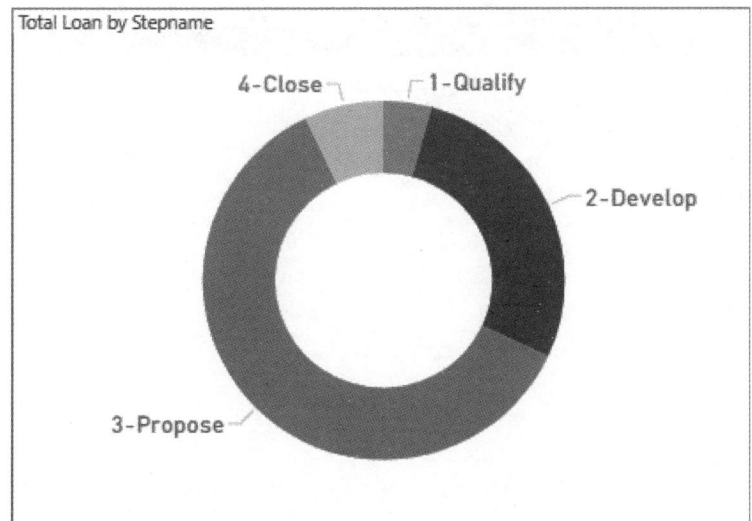

图5.28： 按等级名称筛选的贷款总额环形图

Power BI 中的深层链接

深层链接允许用户通过单击可用链接，查看Dynamics CRM门户提供的信息。此链接将用户重定向到链接的URL。图5.29显示了应用于“公司URL”列下的值的深层链接功能。

Company Name	City	Country	Total Revenue	Company URL	Email
Woodgrove Bank	Norwood	U.S.	30,000.00		someone17@example.com
Woodgrove Bank	Kansas City	United States	1,500,000,000.00		darren.parker@woodgrovebank.com
Wingtip Toys	Zaventem	Belgium	450,000,000.00		info@wingtiptoys.com
Wide World Importers	Bothell	U.S.	30,000.00		someone110@example.com
Trey Research	Munich	Germany	7,500,000.00		info@treyresearch.net
Tailspin Toys	Miami	U.S.	80,000.00		someone15@example.com
Total			3,433,040,000.00		

图5.29： 使用深层链接功能

添加新用户

用户可以在Microsoft Dynamics CRM 在线试用版中添加新用户。执行以下步骤，添加新用户。

1. 导航到Dynamics 365管理门户。

2. 单击**Add a user**下的**Active users**链接，如图5.30所示。

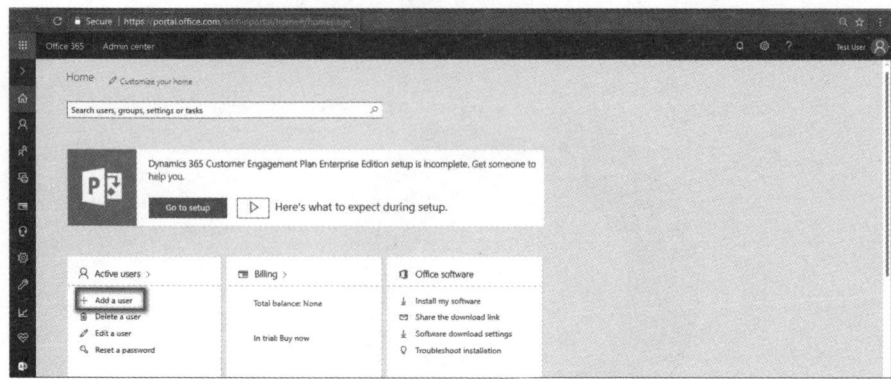

图5.30：添加新用户

出现**New user**对话框，如图5.31所示。

图5.31：New user对话框

3. 在**First name**文本框中输入所需的名字。

4. 在**Last name**文本框中输入所需的姓氏。

5. 在**Display name**文本框中输入显示名称。

6. 在**User name**文本框中输入所需的用户名。

7. 从**Location**下拉列表中选择所需位置。

8. 展开角色选项区域，出现与**Roles**相关的选项。

9. 在**Roles**选项区域选择所需的单选按钮，为用户分配一个角色，如图5.32所示。

```
Roles                          Global administrator

You can assign different roles to people in your organization. Learn
more about admin roles

○  User (no administrator access)
   This user won't have permissions to the Office 365 admin center or any
   admin tasks.

●  Global administrator
   This user will have access to all features in the admin center and can
   perform all tasks in the Office 365 admin center.

○  Customized administrator
   You can assign this user one or many roles so they can manage specific
   areas of Office 365.

Alternative email address
┌─────────────────────────────────────────────────┐
│                                                 │
└─────────────────────────────────────────────────┘
```

图5.32：分配角色

10. 展开**Product licenses**选项区域。

11. 将所需的许可证分配给新用户。

12. 单击**Add**按钮，如图5.33所示。

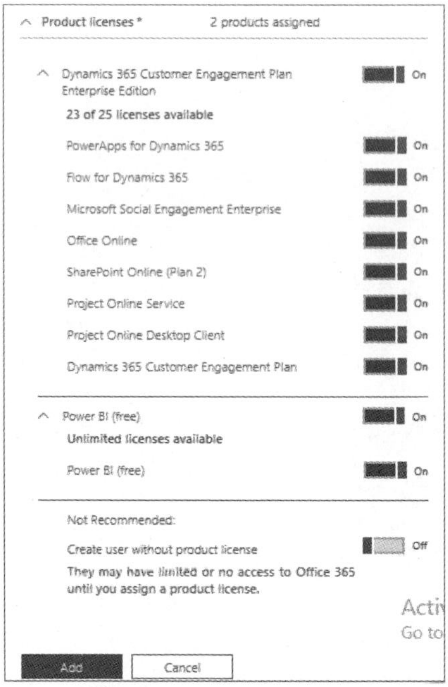

图5.33：添加新用户

出现一个确认窗口，显示状态为"User was added"，如图5.34所示。

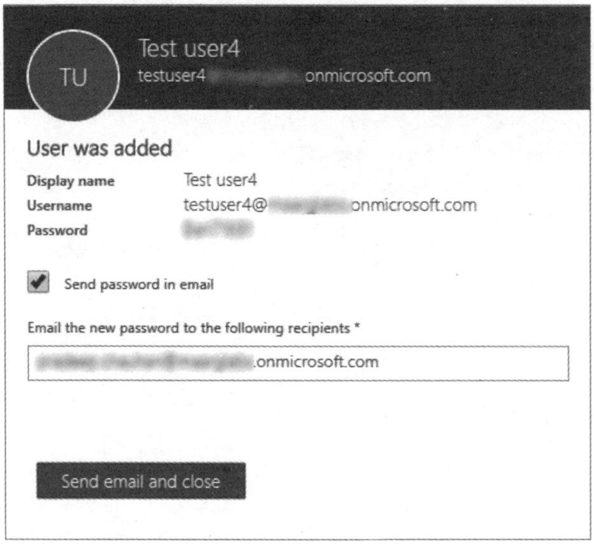

图5.34：显示确认窗口

Power BI中的行级安全性

Power BI的行级安全性（RLS）功能，可根据用户的角色筛选内容。简单来说，RLS用于对可用用户添加数据访问限制。用户可以在行级别对数据进行筛选，也可以在可用角色下指定这些筛选器。

与RLS相关的几个注意事项如下。
- RLS可以为通过Power BI Desktop引入Power BI的数据建模。
- RLS可以定义在通过数据源（包括SQL Server）中的DirectQuery选项创建的数据集上。

用户可以在Power BI Desktop中创建角色和规则。将报表从Power BI Desktop发布到Power BI Service时，这些角色定义会自动发布到Power BI Service。用户还可以通过DAX表达式将筛选器应用于这些角色。

定义角色和规则

如前所述，当用户将报表发布到Power BI Service时，Power BI Desktop中定义的角色和规则会自动发布到Power BI Service。

执行以下步骤，在Power BI Desktop中定义安全角色。

1. 使用 **"获取数据"** 选项将数据导入Power BI Desktop。
2. 选择 **"建模"** 选项卡。
3. 单击 **"安全性"** 选项组中的 **"管理角色"** 按钮，如图5.35所示。

图5.35：单击"管理角色"按钮

出现 **"管理角色"** 对话框。

4. 单击 **"角色"** 下的 **"创建"** 按钮，创建一个新角色，如图5.36所示。

出现带有"新角色"文本的文本框。

5. 使用所需的角色名称替换文本。本示例中,我们用Manager替换了文本。同样的操作,我们创建了另一个名为Officer的角色。

6. 从"**表**"区域选择要应用DAX规则的表。

7. 在"**表筛选DAX表达式**"文本区域中为所选表输入所需的DAX规则。本示例中有三个表,即Leads、Opportunities和Systemusers。我们使用了Leads和Opportunities表,并为这些表编写了以下DAX规则。

对Leads表编写DAX规则如下。

```
[address1_country]=LOOKUPVALUE(systemusers[address1_country],systemusers[internalemailaddress],UserName())
```

对Opportunities表编写DAX规则如下。

```
[Country]=LOOKUPVALUE(systemusers[address1_country],systemusers[internalemailaddress],UserName())
```

提示

数据分析表达式(DAX)是一个表达式(一组函数、常量和运算符),用于对模型中可用的数据进行计算。DAX表达式应该返回True或False。

8. 单击**"表筛选DAX表达式"**选项旁边的**确定**图标（ ✓ ）来验证表达式，如图5.37所示。

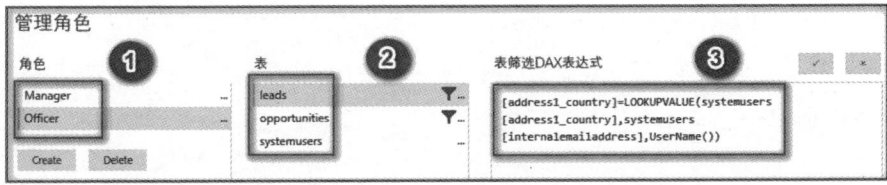

图5.37：应用和验证DAX规则

9. 单击**"保存"**按钮，保存已创建的角色。

提示

在默认配置中，RLS筛选使用单向筛选器，而不管关系的方向设置如何。用户可以通过选择双向选项并勾选"双向应用安全筛选器"复选框来启用双向筛选。在实施动态RLS时，应勾选"双向应用安全筛选器"复选框。在动态RLS中，RLS基于用户名或登录ID实现。

在Power BI中验证角色

在Power BI Desktop中创建角色后，可以在Power BI Desktop中验证创建的角色。

执行以下步骤，验证Power BI Desktop中的角色。

1. 在**"建模"**选项卡下的**"安全性"**选项组中单击**"以角色身份查看"**按钮，如图5.38所示。

图5.38：单击"以角色身份查看"按钮

出现**"以角色身份查看"**对话框

2. 选择要用作筛选器的角色，本示例中勾选**Officer**复选框。

3. 单击**"确定"**按钮，如图5.39所示。

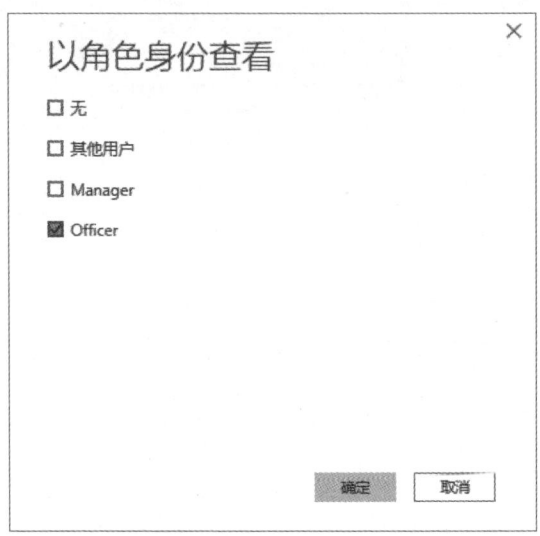

图5.39："以角色身份查看"对话框

单击**"确定"**按钮后，将根据所选角色来筛选报表中的视觉对象，如图5.40所示。

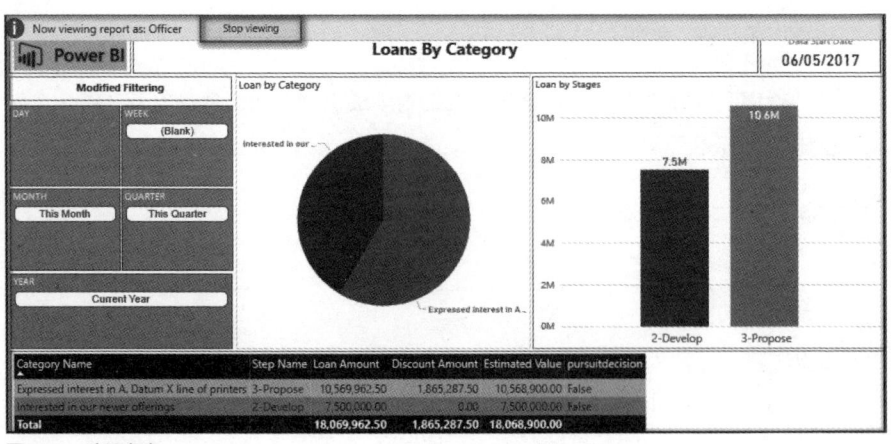

图5.40：验证角色

部署报表

在Power BI Desktop中创建所需角色后，可以将包含角色的报表部署到Power BI Service。

执行以下步骤将报表部署到Power BI Service。

1. 在**"开始"**选项卡的**"共享"**选项组中单击**"发布"**按钮，如图5.41所示。

图5.41：单击"发布"按钮

2. 选定的报表成功部署到Power BI Service，如图5.42所示。

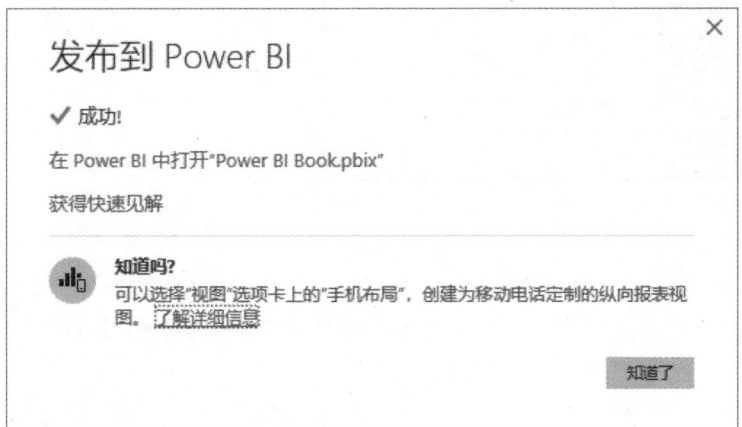

图5.42：部署报表

管理安全性

在Power BI Desktop中创建角色并将报表发布到Power BI Service后，用户可以在数据模型或数据集上管理RLS。

用户可以通过执行以下步骤来管理RLS。

1. 导航到Power BI Service。

2. 展开**"我的工作区"**选项。

3. 在**"数据集"**下单击可用数据集名称旁边的**省略号**图标（…），将出现一个选项列表。

4. 从选项列表中选择**"安全性"**选项，如图5.43所示。

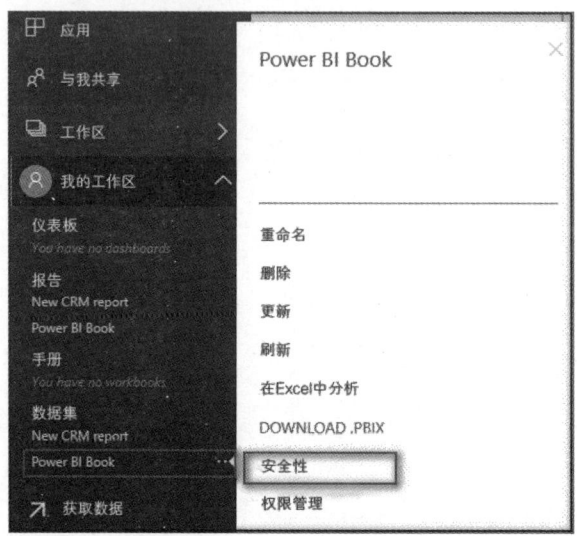

图5.43：选择"安全性"选项

将打开RLS页面，其中左侧列表中显示了在Power BI Desktop中创建的角色名称，而右侧面板中允许用户将成员添加到在左侧列表中选择的角色，如图5.44所示。

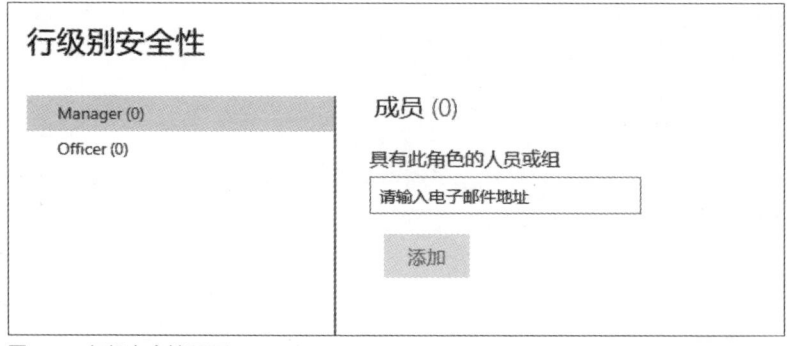

图5.44：行级安全性页面

提示
"安全性"选项仅适用于数据集所有者。在数据集与组相关的情况下,"安全性"选项可供组管理员使用。

与成员合作

在Power BI中创建角色后,用户需要将成员添加到指定的角色,以允许他们查看在RLS中指定的筛选结果,本节包括以下内容。
- 添加成员
- 删除成员

提示
在Power BI Desktop中创建或修改角色时,角色中的成员会添加到Power BI Service中。

添加成员

执行以下步骤添加成员。

1. 打开Power BI Service。

2. 通过应用RLS导航到已发布的数据集。

3. 单击数据集名称旁边的**省略号**图标(…), 出现一个菜单列表。

4. 从菜单列表中选择**"安全性"**选项,出现**"行级安全性"**页面。

5. 选择要添加成员的所需角色。

6. 输入要添加到角色的用户的电子邮件地址或名称。

提示
要添加到角色的成员应属于用户的组织,在Power BI中创建的组无法添加为成员。

7. 单击**"添加"**按钮，如图5.45所示。

图5.45：添加成员

8. 单击"保存"按钮，保存设置。

> **提示**
> 角色名称旁边的括号中指定的值表示属于该角色的成员数。

删除成员

执行以下步骤，删除成员。

1. 导航到**"行级别安全性"**页面。

2. 选择要从中删除成员的角色。

3. 单击成员名称旁边的**删除**图标（X）以删除所选成员，如图5.46所示。

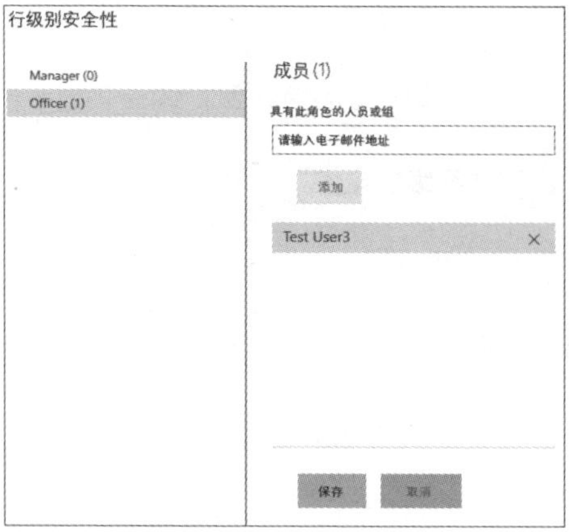

图5.46：删除成员

4. 单击**"保存"**按钮，保存设置。

验证Power BI Service中的角色

与在Power BI Desktop中验证角色的步骤类似，用户可以在Power BI Service中验证已定义角色的工作方式。

执行以下步骤，验证Power BI Service中的角色。

1. 展开**"我的工作区"**选项区域。

2. 单击要验证的报表名称旁边的**省略号**图标（…），将出现一个菜单列表。

3. 选择"测试数据角色"选项，根据所选角色筛选报表，如图5.47所示。

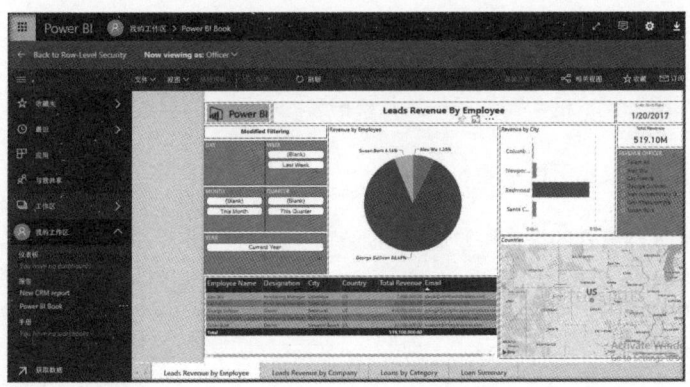

图5.47：验证角色

用户还可以从**"立即查看"**下拉列表中选择其他角色，然后根据其他角色筛选报表。

分享报表

完成报表中的所有工作后，用户可以轻松地与同事共享。

执行以下步骤，共享报表。

1. 打开要在Power BI Service中共享的报表。

2. 单击**"共享"**按钮共享报表，如图5.48所示。

图5.48：单击"共享"按钮

出现**"共享报表"**对话框。

1. 选择**"共享"**选项卡。

2. 在**"授予访问权限"**文本框中输入要与其共享报表的收件人的电子邮件地址。

3. 在**"包含可选消息"**文本区域中输入消息。

4. 勾选**"允许收件人共享您的报表"**复选框。

5. 勾选**"向收件人发送电子邮件通知"**复选框。

6. 单击**"共享"**按钮共享报表链接，如图5.49所示。

图5.49：共享报表

指定的收件人将收到一封包含报表链接的电子邮件，并可通过单击收到的链接打开此报表。

总结

Microsoft Dynamics CRM是基于xRM平台的客户关系管理解决方案。与其他CRM解决方案相比，Microsoft Dynamics CRM的主要优点有：具有非常简单易用的用户界面；有多种许可选择，支持报表功能以及多种语言和货币。本章首先概述了注册Microsoft Dynamics CRM Online的过程。接下来，描述了从Dynamics CRM获取数据并将其导入Power BI的完整过程。本章创建了四个报表，其中每个报表包含多个视觉对象。本章还介绍了新的chiclet切片器。接着，描述了深层链接功能，该功能允许用户通过单击可用链接查看Dynamics CRM门户上可用的信息。最后，总结了Power BI中的RLS功能，该功能可根据用户的角色筛选内容。

第 6 章
结论

Power BI是一种商业智能报表工具,允许用户创建直观的报表。越来越多的组织正在使用Power BI作为其业务分析解决方案。根据Gartner的报告,到2020年,投资分析的公司将会比那些不投资的公司价值增值。本章将对本书中涉及的所有章节内容进行总结。

数据可视化简介

数据可视化是通过视觉对象呈现数据的概念,例如信息图形、图表、迷你图和地形图等。数据可视化提供了一种高效且有效的方式来传达概念,因为一般来说,比起文本信息,人类大脑更容易处理视觉信息。一些常用的数据可视化工具有Microsoft Power BI、Tableau和Qlik。

Power BI是微软推出的一款业务分析报表工具,用于创建交互式业务报表。它结合了多种分析功能,可以为整个组织提供业务见解。

商业智能(BI)和数据可视化工具中的前两大竞争对手是Power BI和Tableau。这些工具易于使用,并支持大量的视觉对象,可以基于多个参数区分这些工具,包括基础设施支持、仪表板、数据源、可视化、客户/技术支持和定价。

Power BI的一些主要功能包括免费注册、可从多个数据源导入或查看数据、可从任何地方获取业务关键指标、快速见解和数据驱动的决策。除了主要功能外,它还支持多种高级功能,包括将Power BI报表和仪表板嵌入Web应用程序、实时流、自然语言查询、共享内容包以及与Cortana集成等功能。

Power BI有两种变体,分别为Power BI Desktop和Power BI Service。Power BI Desktop是Power BI的本地版本,允许用户创建报表、查询和数据连接。Power BI Desktop可以安装在本地计算机上。用户可以连接到任何数据源,并将所需的表从选定的数据源导入Power BI Desktop。将数据导入Power BI后,用户可以根据该数据创建视觉对象。所需的视觉效对象添加到报表后,就可以保存报表了。

Power BI Service/Power BI Online是一种商业智能服务，可在云中托管报告（Microsoft Azure）。Power BI Desktop和Power BI Service之间的区别在于前者主要是创建数据，而后者主要用来共享数据。

Power BI Service的主要构建板块是仪表板、报表、工作簿和数据集。

仪表板是磁贴的组合，可以不包含磁贴，也可以包含很多磁贴。Power BI报表是可视化/视觉对象的集合，例如图表和图形。数据集是我们在Power BI中导入或连接的一组数据。导入或连接到Power BI的特殊类型的数据集便是工作簿。

在Power BI Desktop中创建的报表可以发布到Power BI Service，组织中的其他用户可以访问。

Power BI Azure应用程序

Power BI可与Azure服务集成，生成对用户业务的实时见解。Azure API可用于以易于理解和高度可视化的方式查看实时业务数据。在Azure上创建的Web应用程序可以嵌入Power BI，对在Power BI中创建的报表进行可视化。Power BI的实时流处理功能允许业务分析师从提供时间敏感数据的不同来源收集实时信息。为了实现实时数据的可视化，用户需要在Power BI中设置实时流数据集。Power BI支持三个数据集，包括推送数据集、流数据集和PubNub流数据集。用户可以使用Power BI REST API、流数据集UI和Azure流分析将数据推送到数据集中。

Power BI的快速见解功能可以将复杂算法应用于数据集，并在指定的时间范围内快速定位数据集的不同子集。

Microsoft Stack上的Power BI

Power BI可以与大量数据源集成，包括Excel、SQL Server、Postgre SQL、Dynamics CRM和MySQL等。微软提供的一个数据源是Microsoft SQL Server。微软通过此集成解决方案提供了大量功能，因为它们都是微软的产品。用户可以使用导入选项和DirectQuery选项将数据从SQL Server连接到Power BI。将数据导入Power BI后，可以在表之间建立关系。

用户还可以使用数据分析表达式（DAX）来创建计算列和计算表。DAX是一个表达式（一组函数、常量和运算符），用于对模型中的可用数据进行计算。计算表和计算列准备就绪后，可以使用数据为报表创建视觉对象，可以轻松地将此报表发布到Power BI Service。要从任何位置访问报告，可以在运行SQL Server的计算机上设置网关。网关就像是在Power BI和SQL Server之间建立连接的桥梁，是一个允许用户访问位于本地系统或网络上数据的软件，以便以后可以在云服务中使用。用户可以为Power BI配置数据网关并向其添加数据源。用户还可以使用Power BI中的数据刷新功能，设置数据的计划刷新，以便Power BI报表对更新的信息进行可视化。要成功配置计划刷新，需要设置网关连接、数据源凭据和计划刷新。

内容包是仪表板、报表和数据集的完整包，可以与组织中的其他用户共享。用户可以创建内容包并发布到团队中，但是必须要有一个用于创建和访问组织内容包的Power BI Pro账户。

Power BI还可以与Windows 10的Cortana Intelligence Suite功能集成。当用户将Cortana与Power BI集成时，每次向Cortana提出查询时，Cortana会根据相关关键字查看Power BI仪表板和报表。

开源堆栈上的Power BI

PostgreSQL是一个开源对象——关系型数据库管理系统（ORDBMS）。Power BI可以与PostgreSQL集成，创建直观的报表。要将PostgreSQL与Power BI集成，用户应该有PostgreSQL数据库、Npgsql连接器和Power BI。Npgsql是一个开源的ADO.NET数据提供程序或连接器，允许Power BI用户连接到PostgreSQL数据库。

要从PostgreSQL获取数据到Power BI，首先需要安装Npgsql连接器。Power BI中的数据可用后，用户可以对数据进行建模。完成数据建模后，可以根据筛选后的数据创建直观的报表。可以保存它，然后将其发布到Power BI。

用户可以通过应用手动刷新和计划刷新来设置视觉对象以显示更新的数据。要应用预定刷新，需要设置网关连接。如前所述，网关是一种软件，允许用户访问位于本地系统或网络上的数据，以便以后可以在云服务中使用。

用户可以创建内容包，它是仪表板、报表和数据集的完整包，可以与组织中的其他用户共享。发布内容包后，它将存储在名为AppSource的集中式存储库中，供大家使用。

Power BI 在ERP上的应用

Power BI最突出的功能之一是它能够与Dynamics CRM集成。与其他来源相比，Microsoft Dynamics CRM能强化任何组织的客户关系，使其成为企业家的完美选择。

客户关系管理（CRM）管理公司与其客户之间的交互。CRM解决方案简化了流程，提高了不同部门的盈利能力，包括销售部、市场部和客服部门。它还集中了客户信息和自动化营销联系。

Microsoft Dynamics CRM为各类型的组织改善客户关系。基于扩展关系管理（xRM）平台，允许合作伙伴通过基于.NET的框架对其进行自定义。用户界面比较简单，因而易于使用。

微软允许组织试用Microsoft Dynamics CRM解决方案，然后根据业务需求要求用户使用付费服务。用户可以使用"获取数据"按钮轻松地将数据导入Power BI。数据导入Power BI后，就可以创建报表了。

深层链接功能允许用户通过单击可用链接查看Dynamics CRM门户提供的信息。

行级安全性（RLS）是Power BI的一项功能，可根据用户的角色筛选内容。用户可以在Power BI Desktop中创建角色。将报表发布到Power BI Service时，定义的角色会自动发布到Power BI Service。

在Power BI中创建角色后，用户需要将成员添加到指定的角色，以允许他们查看在RLS中指定的筛选结果。完成报表中的所有工作后，便可以轻松地与同事共享信息。